U0220238

# M&C

媒介与文明译丛
Media and Civilization

丛书主编　唐海江

# 技术图像的宇宙

Ins Universum der technischen Bilder

[巴西] 威廉·弗卢塞尔　著

李一君　译

复旦大学出版社

安德烈亚斯·穆勒-波勒(Andreas Müller-Pohle)的摄影与理论著作给我带来很大的影响。如果没有他的作品,这本书将不会问世,或者会写得很不一样。

——威廉·弗卢塞尔

# 总序

　　百余年前,被誉为"舆论界之骄子"的梁启超,面对由新报和新知涌入而引发的中国思想和社会变局,发出了"中国千年未遇之剧变"的感叹。相较之下,百余年后的今天,数字技术带来的社会变革给国人生活方式和思维方式带来的冲击,与梁启超时代相比又岂能同日而语? 追问当下,目前公众、政府和科学工作者热议的人工智能和 5G 技术,以及可以想见的日新月异的技术迭代,又会将我们及我们的后代抛到何种境遇? 于是,一系列新名词、新概念蜂拥而来:后真相、后人类、后人文……我们似乎比以往都更加直面人类文明史上最古老而又反复回响的命题:我们是谁?

　　面对这一疑虑,"媒介与文明"译丛正式与大家见面了。关于媒介研究的译著,在中文世界目前已是不少,一方面与上述媒介技术的快速发展有关,另一方面也与近年来学术界"媒介转向"的潮流相呼应。但遗憾的是,有关历史和文明维度的媒介研究的译著却屈指可数,且不少译著以既定学科视野对作品加以分类,这不仅严重限制了媒介研究本应有的阐释力,也极大削弱了对当下世界变化的纵深理解和想象力,难免给人"只在此山中,云深不知处"的感觉。本译丛旨在打破当下有关媒介研究的知识际遇,提

1

供历史与当下、中国与西方的跨时空对话,以一种独特的方式回应现实。借此,读者可以从媒介的视野重新打量人类文明和历史,并对人类文明的演变形成新知识、新判断和新洞见。

在此,有必要对译丛主题稍作解释。何谓"媒介"? 这是国内媒介学者经常会遇到的一个问题。这反映出中国缺乏媒介研究的学术传统,"媒介"给人以游垠无根之感,同时也因近年来西方研究中的媒介概念纷至沓来,"变体"多多,有点让人无所适从。实际上,媒介概念在西方世界也非历史悠长。直到 19 世纪后期随着新技术的推动,"媒介"才从艺术概念体系中脱颖而出,成为新的常规词。此后,随着媒介研究的扩展,其概念也在不断演化和发展。在此过程中,人们用媒介概念重新打量过往的历史(包括媒介概念缺席的历史),孕育和催生出诸多优秀成果,甚至形塑了各具特色、风格迥异的话语体系或者"学派",为国人提供了诸多可供借鉴的思想资源。

鉴于此,本译丛对于"媒介"的使用和理解并非拘泥于某种既定的、单一的意义,而是将其作为一种视野,一种总体的研究取向,一种方法论的实施,以此解析人类文明的过往、当下和未来。也就是说,媒介在此不仅仅是作为既有学科门类所关注的具体对象,而是试图跨过学科壁垒,探讨媒介和技术如何形塑和改变知识与信息、时间与空间、主体与身体、战争与死亡、感知与审美等人类文明史上的核心主题和操作实践。

基于以上考虑,本译丛初步定位为:

一、题材偏向历史和文明的纵深维度;

二、以媒介为视野,不拘泥于媒介的单一定义;

三、研究具有范例性和前沿性价值。

翻译就是一种对话,既是中西对话,可以从媒介视野生发有关中国的问题域,同时也是历史与当下的对话。正如本译丛所呈现的,倘若诸如主体性、时间性、空间性、审美体验、知识变革等议题,借助历史的追问和梳理,可以为数字化、智能化时代的人类命运和中国文明的走向提供某种智识和启迪,那么,译丛的目的也就达到了。

补充一句,译丛并不主张以规模、阵势取胜,而是希望精挑细译一些有价值、有代表性的研究成果,成熟一部,推出一部。由于编者视野有限,希望各方专家推荐优秀作品,以充实这一译丛。

最后,译丛的推出要感谢华中科技大学新闻与信息传播学院各位领导和老师的支持,也要感谢复旦大学出版社领导和各位工作人员对这一"偏冷"题材的厚爱。同时,尤其要感谢丛书的译者。在当今的学术市场上,译书是件费力不讨好的事,但是大家因为对于新知的兴趣走到了一起。嘤嘤其鸣,以求友声,也期待更多的同道投入到这一领域。

是为序。

唐海江

2018 年 12 月

# 警　示

　　在这本书中,我尝试聚焦于当代技术图像(比如照片或电视图像)发展的显著趋势,并在此过程中,预想未来一种由合成性电子图像构成的社会。从当下看,那是一个神话般的社会,有着与我们此时截然不同的另一种生活。在那里,当前科学的、政治的和艺术的范畴会变得难以辨认,甚至我们的精神与生存方式也会蒙上一层新颖而奇异的色彩。这个社会并不存在于遥远的未来,实际上,我们已站在了临界点上:那神话般的、新的社会与生活结构已经在世界与我们自己身上显出痕迹。我们身处在一个正在浮现的乌托邦之中;它慢慢浸染我们的环境,渗入我们的毛孔。在当下,发生在周遭或我们自身生命中的事情如梦似幻,以前所有的乌托邦(不论是正面的还是反面的)都在这个世界面前显得苍白乏味。这就是下文要阐述的内容。

　　乌托邦意味着无根据、无参照。除非困守于乌托邦本身的结构,否则,我们就要无可回避地直面眼前的未来。这本书关注和评判当代技术图像,从这个意义上说,它是对早前论著《摄影的哲学思考》(*Für eine Philosophie der Fotografie*)中论点的延续与修正。因此,本书不是或不主要是对未来的幻想,而是对当下的批评——尽管这种批评也会关涉新事物的必然性与优越性。

以当代技术图像为原点,我们会发现两种不同的发展趋势:一个通往由图像的接收者与管理者组成的、中央编程的极权社会;另一个则走向图像生产者与收集者组成的、对话式的远程通信社会。尽管前者呈现了一种反乌托邦,而后者呈现了正面的乌托邦,但从我们的视角上看,这两种社会结构都令人难以想象。无论如何,在当下,我们还能自由地挑战这些价值,但不容置疑的是,技术图像一定会在未来社会中占据主导地位。几乎可以肯定地说,假设没有灾难发生(这是不可预测的),未来人类的生活兴趣将集中在技术图像上。

这使我们有权利也有义务将这个正在浮现的社会称为乌托邦。它不再存在于任何地点或时间之中,而是存在于想象的表面,存在于吸纳了地理和历史的浮表。以下的论述试图把握这种如梦似幻的感受,因为它已经开始在技术图像的周围变得明确可感:生成一种纯信息社会的意识。

这篇警示性的序言是我在作品完成之后所写——大多数情况下都是这样。在某种程度上,我刚刚从在子辈、孙辈世界里周游历险的旅程中苏醒,这篇序言也随之诞生。这就是为什么它是一则警示:人们应该从下面的论述中获得问题,而不是答案;即使这些问题偶然也会把自己装扮成答案。换句话说,这本书并不试图为我们所面临的问题提出某种解决办法,而是对这些问题的基本趋势作出批判性的质询。

# 目　录

# 第一章　抽象化

这是一本关于技术图像所构建的宇宙的书。在过去几十年里，这个宇宙中的照片、电影、录像、电视屏幕和计算机终端一直在接管以前由线性文本所承担的任务，即向社会和个人传递重要信息。它事关文化的革命，而我们则刚刚开始探察这场革命的范围与意义。与其他生物相比，人类的生命更多依赖于习得信息，而较少依赖于遗传信息，因而信息传播的结构对我们的生活有着决定性影响。当图像取代文本，我们体验、感知和衡量世界与自身的方式就会发生变化：从一维、线性、过程导向、历史性的方式，变为如表面、环境、场景那样的二维方式。我们的行为也变得不同：它不再是引人注目的，而是融入关系的领域。我们的经验、感知、价值观与行为模式，乃至在这个世界的存在方式都正在发生变化。

线性文本作为重要信息的载体而占据主导地位的时间只有四千年左右，确切地说，只有这段时间才是名副其实的"历史"。在所谓"史前时期"的四万年里，其他媒体，尤其是图画，承载着信息。即使在文字占主导地位的、相对短暂的时间里，图画依然发挥着效力，挑战着文本的主导性地位。由此，人们可能会发现，线性文本在人类生活中只是短暂地发挥作用，"历史"只是一条临时的支线。而现在，我们正在回归那个想象的、奇幻的、神话般的二维世界。那个正在浮现的、新的生活体系在许多方面似乎也证实了这一点，比如技术图像释放的魔力，或那些掌握技术图像的人施展的魔幻的仪式行为。

1

本书试图说明这种观点是错误的,我认为技术图像与早期图画(这里称之为传统图像)之间存在根本差异。确切地说,技术图像依赖于孕育它们的文本。事实上,它们不是一种表面,而是由粒子组合而成的马赛克。因此,它们不是史前的、二维的结构,而是后历史的、无维度的结构。我们并非正在回归二维的史前时代,而是进入一个后历史的无维状态。为了论证这个观点,我在本章构建了一个模型,以此阐述传统图像和技术图像在本体论上的差异。

这个模型是一个由五级台阶组成的阶梯。人类拾级而上,从明确具体走向抽象概括。这是一个呈现人类从具体可感的世界中脱身而出的文化历史的模型。

第一级:动物与"原始"人类沉浸在一个生气勃勃的世界里,那是一个动物和原始人的四维时空连续体。这是一个具体经验的层级。

第二级:我们的先祖们(在大约200万到4万年前)成为面向客观世界的主体。这时的世界是一个由可掌握的对象所组成的三维世界。这是一个掌握和形塑的层级,石刀与雕刻人像等就是其典型产物。

第三级:智人进入了一个处在自我与周围环境之间的、想象性的二维中间区域。这是一个以洞穴壁画等传统图画为代表的观察和想象的层级。

第四级:大约四千年前,人类与他们的图像之间出现了另一种中间区域,即线性文本。从此以后,人类的大部分思想都要归于这个区域。这是一个理解和解释的、历史性的层级,如《荷马史诗》《圣经》这样的线性文本就处于这一层级。

第五级:就在最近,文本显现出一种困境,即它们无法接收任何更进一步的图像的转介。它们变得模糊,溃散成需要被集结起来的粒子。这是一种考量与计算的层级,即技术图像的层级。

构建模型的意义显然不在于描绘文化历史,那是一件荒谬而幼稚的事;相反,模型旨在将人们的注意力聚焦到人类从一个层级到另一个层级的跨越上。它试图表明,技术图像与传统图像生成于两种完全不同的、趋离具体经验的方式之中。它意在说明,尽管技术图像在许多方面唤起了人们对传统图像的记忆,但它是一种全新的媒介。技术图像有着与传统图像截然不同的"表意"方式。简言之,它实际构成了一种文化的革命。

可能会有人反对这种模型,其理由在于:即使想要区分传统图像与技术图像,也没有必要建立这样一个跨越 200 万年的宏大结构,而只要将技术图像定义为仰赖技术性装置而存在的图像就足够了。但是,这个看似明确直白的定义对本书来说并不充分。我认为,只有理性看待围绕技术图像出现的玄妙离奇的新生活方式,我们才能探析自身存在于世的根本,而为了实现这种根本性的目标,我们构建的模型必须广阔如斯。

从源自环境的具体经验到技术图像的宇宙,五个层级被空间分开,而这种空间必然在相邻两个层级的两种发展方向上有所交叉。在每一次交叉中,我们必须用一个宇宙替换另一个宇宙,并且每一次替换都需要我们展开独立的、循序渐进的分析。

第一步:与动物甚至灵长类动物不同,人类拥有可以对抗世界的双手。人类之手可以使客观世界停滞(使其不再发挥作用),我们可以把这种为对抗客观世界而伸出双手的举动称为"行动"(Handlung)。认识到这一点后,我们生活的世界就可以分成两种区域:固定的、作为认知客体的区域以及"认知客体的人"、与客体相分离的人类主体的区域,或客观世界的区域以及人类存在的区域。行动将主体从世界中抽离出来,使其超然物外,而所剩之物,就是由那些可被掌握的客体构成的三维宇宙。这个宇宙就是我们要聚焦的问题,当前,这个作为客体的宇宙正被主体改造,被赋予信息,文化诞生于其间。

第二步:手不会盲目做事,而是被眼睛监视着。手与眼、做与看、实践与理论的协调是生存的基本法则。情况可以先被观察,后被处理。虽然眼睛只能看到要被掌握的物体的表面,但其能探察的领域比手能掌握的领域更加宽广。眼睛能够察觉事物之间的关系,它们可以为随后的行动构建模型。我们可以把这种在行动之前的、对客观情况的概观称为"世界观",它是一种对情况的深度考量,并从中生产一种介于环境和主体之间的、由图像建构的二维领域,即传统图像的宇宙。

第三步:图立于物之前,因此,人必须通过图像来达到改变事物的目的。人类的掌握与行动依照着具有表征意义的图像,同时,由于图像是二维的,其表征会形成一种链环。也就是说,一个图像从另一个图像那里汲取意义,又将其意义赋予下一个图像。这种意义传递的关系非常奇妙,而通过图像来掌握和改变环境的行为亦无比魔幻。为了去除图像的中介而返回客观事物本身,为了驱散行为中的魔幻性,人们必须将征象从图画表面的魔幻语境中剥离出来,并将其置入另一种秩序之中。此处的困难在于,图像是不可掌握的,因为它们没有深度,只能被看到,但人们可以用手指抓住图像的表面,将征象从表面抓取出来以掌握、清点和解释它们。线性文本的产生就是所谓"抓取"这个手势的结果,抓取包含将征象化为概念、阐释图像、把图画表面分解为线的过程。这个手势从图画的表面抽取出一个维度,将图像简化为线性的一维存在,最终构建一个由文本、考量、叙述、解释以及一种非魔幻行为的投影所组成的概念化的宇宙。

第四步:文本是概念串在一起而形成的,就像珠子串成算盘那样。串联这些概念的线就是规则,即正字法。文本描述的情况正是通过这些规则来呈现的,并根据这些规则被理解和操作。因此,正如图像的结构一样,文本的结构也铭刻在客观环境之中。文本和图像都是一种中介。在很长一段时间里,人们难以察觉这种属性,因为正字法(尤其是逻辑和数学)做出了比以前的魔法更行之有效的行为。我们最近才开始意识到,自己其实并没有在客观环境中发现规则(例如,以自然规律的形式);相反,这些规则来自我们的科学文本。由此,我们就失去了对句法的信任。我们在它们那里认识到游戏规则与其本身可能是不同的,而基于这种认识,有序的线索最终分崩离析,概念则失去连贯性。事实上,环境会分解成一堆粒子与量子,而书写的主体则会分解成一堆碎片与字节、决定性的瞬间和行为的分子。唯一剩下的是无维度的粒子,它们既不能被掌握,也不能被表现,更不能被理解。尽管手、目光与手指都无法触碰它们,但人们可以利用配有按键的特殊装置来计算(calculus,"砾石"①)它们。我们可以把用指尖敲击装置按键的手势称为"考量与计算",它可以生产如马赛克般的粒子组合,生产技术图像,生产一个使粒子组合成可视图像的、被计算出的宇宙。这个正在出现的宇宙,

---

① "calculus"是"微积分"的意思,其拉丁语词根是"calx",意为"一小块石头"。——译者注

即一个由技术图像组成的无维度的、想象的宇宙,试图使客观情况变得可想象、可表现、可理解。这就是我们在此要讨论的主题。

因此,传统图像与技术图像之间的区别在于:前者是对客体的观察,后者是对概念的计算;前者借由描绘而诞生,后者则是通过一种放弃规则信仰的、奇特的幻觉力量而产生的。本文会讨论这种幻觉的力量,然而在此之前,我必须将想象排除在讨论之外,这是为了避免在传统图像与技术图像之间出现任何混淆。

# 第二章　想象

在我们生活的这个世界上，客体与主体的分离发生在约两百万年前东非的某个地方。而约四万年前，在欧洲西南部的一个小山洞里，主体进一步回到其主观性中，以此观览自身所处的客观环境。但在这次回归中，事物不再真实可感、纤毫毕现，因为人们的手不再触及它们。它们只能被看到，也仅仅是表象。客观环境变得表面化、"幻象化"，也因此具有了欺骗性：跟随这种表象的人类之手也可能错过客体。主体会质疑其所处环境的客观性，观念与图像也由此产生。

图像旨在成为行动的模型，虽然它们只是呈现事物的表面，却能够确凿无疑地说明一些事物间的联系。图像并不展现境况，而仅仅展现其关键之处，这使人类之手能够比以前更加深入地探察客观环境。然而，图像制作者也面临两个困难。首先，因为每一次观察都只能展现某一瞬间或从某一视点看到的样子，所以它们都是主观的；其次，因为观察者的位置是不断变化的，所以每次观察都是短暂的。图像若要成为行为的模型，那么它们必须对他人开放，为人所共识；同时，它还要被持久留存、被公之于众。

如我们所知，最早的图像制作者（例如在拉斯科地区）将其观察的成果"固定"在洞穴的墙壁上，供人（也是我们）观览。这意味着，他们曾经采取行动（因为这种"固定"需要着手来做），并且以新的方式实现了这种"固定"——因为他们是用手绘制了一个表面来表现客体，而不是直接抓住客体（例如公牛）。他们寻找象征物来表现自己观察到的东西，对他们而言，行动是关于象征物与某种手势的。通过这种手势，人的手从客体回归到主体本身，来宣示其深度，宣示其内里那令人振奋的、新生的认知层次——想象。在这种富有想象的认知中，传统图像与象征性内容的宇宙应运而生。从此，这个宇宙成为应对客观环境（例如猎牛）的模型。

　　用这种方式链接含义的象征物，就是所谓的编码，编码可以由其创作者破译。为了具有共识性（也就是能被他人解码），每个图像都必须建立在社群（创作者们）熟知的编码之上。这也就是为什么我把这种图像描述为"传统"：每一幅图像必然是系列图像的一部分，因为如果不在"传统"范围中（不是已知编码），它就无法得到解读。当然，也有例外，这也就是被公之于众的意义，即相关图像将主观观察植入社会性编码的象征体系。不过，这不是唯一的例外，因为每次观察都是主观的，所以每幅新图像都会为编码体系引入一些新的象征。因此，新图像都会通过创造与之前图像的细微区别而成为初始之作，它们也会为社会性编码带来改变，并将这种改变公之于众。这正是想象的力量之所在：它使图像赋予社会信息，以此来持续生产新的知识与经验，并且不断对图像进行审视与回应。

　　然而，如果把图像编码中这些连绵的演化视为一种发展过程，进而谈论"图像的历史"（例如从拉斯科岩洞的《公牛》到美索不达米亚和埃及的绘画），或者认为这种历史比我们自身的历史发展得更加沉缓，那么我们就犯了一个危险的错误。因为图像制作者的初衷并非生产原创作品、向大众传达信息，而是尽可能真实地依照以前的图像模式，摒除干扰，延续传统。观察史前文化就会发现，图像制作者们会试图将他们的主观性降到最低。非洲面具和印度纺织品都指向一种亘古不变的编码，即神话。它们的确不是具有卓越原创性的作品。

　　传统图像的宇宙是诡谲而神秘的，尽管它处在永恒的变化之中，但这种变化是在巧合与意外中发生的。这是一个史前的宇宙。在大约四千年前，线性文本诞生，概念的、历史的意识也随之而来。从那时开始，人们才能正确地谈论图像的历史，因为直到那时，想象力才开始服务于（或对抗）概念思维，图像制作者才开始关心作品的原创性，并有意识地引入新的符号，生产新的信息。也直到那时，偶然事件才不再是一种应被忽略的事件，而成为洞见的体现。我们这个时代的图像被文本浸染,它们是使文本视觉化的图像。图像制作者的想象力受到概念性思维的影响,他们试图把握进程。

文本尚未沾染的传统图像的宇宙是一个由奇幻内容构筑的世界,一个"同一物的永恒轮回"①的世界。在那里,任何事物都能够赋予其他事物意义,任何事物都可以被其他事物赋予意义。这是一个充满意义和神灵的世界,人类通过这个世界而体验客观环境。他们处于一种富有想象性的精神状态中,在那里,一切都携带意义,一切都须被解读,形成一种负责与报偿的状态。

乍看上去,技术图像似乎与刚才我们讨论的史前图像相似,但是实际上,它们处在完全不同的意识层次和截然不同的语境之中。视觉化与描绘是完全不同的,那是一种全新的、我们即将要审思的东西。

---

① 出自哲学家尼采,他这样形容这种轮回:"万物走了,万物又来,存在之轮永恒运转。万物死了,万物复生,存在之年永不停息。万物破碎了,万物又被重新组装起来;存在之同一屋宇永远自我构建。万物分离,万物复又相聚,存在之环永远忠于自己。"参见[德]弗雷德里希·尼采:《查拉图斯特拉如是说》,黄明嘉译,漓江出版社 2007 年版,第 238 页。——译者注

# 第三章　具象化

　　根据前文提出的文化历史模型，我们将从一维的历史中离去，进入一个新的无维度时代。由于没有更贴切的名称，我暂且将这个阶段称为"后历史"时代。在这个时代里，那些曾经将宇宙划分为不同阶段，将概念划分为不同判断的规则慢慢消逝。宇宙被分解成量子，判断被分解成信息碎片。事实上，规则之所以会消逝，是因为我们在它的引领下进入了宇宙和我们自身意识的核心。在宇宙的核心，粒子不再遵循规则（例如链式反应）而混乱地悬浮着；在意识的核心，我们会试图把握自身思维、感觉和欲望的可计算的基底（例如命题理论、决策论与行为计算）。也就是说，线性的衰退是自动的，而不是由我们抛弃规则而引发的。因此，我们别无选择，只得冒险一跃，进入新的时代。

　　这确实是一种冒险行为，因为当波浪分解成水滴，判断分解成字节，行动分解成精微的动作单元时，就会出现一种真空地带。那些将元素微粒分开的间隔空间是没有维度的，因此，我们无法测量这些微粒。但是，人们不能生活在这样一个空洞而抽象的宇宙中，保有这样破碎而抽象的意识。为了生存，人们必须努力使宇宙与意识具象化，必须将这些粒子组织起来，使它们实体化（变成可抓取、可想象、可触摸的）。在 17 世纪，微积分的发明者已经解决了填充间隔、对无穷小进行积分和解微分的问题。但在当时，这个问题仅仅停留在方法论的层面，而在今天，它却成为关乎人类存在、生死的问题。我认为，我们可以用技术图像来回答这个问题。

技术图像试图把我们周围和我们意识中的粒子整合到表面,以此填补它们之间的间隙,使得诸如光子、电子这样的元素以及信息的碎片都转化为图像。这个目标既不能用手,也不能用眼睛或手指来实现,因为这些元素是触不可及、无法目睹的。因此,人们必须发明能够抓取无法触及之物、展现难以目睹之物、概括不可想象之物的装置。这些装置一定会配备按键,使人们能够操作,它们对制作技术图像而言是必不可少的,而其他必要的因素会在此后到来。

这些装置是极为顽固的,尽管它们可以忠实地模拟人类的思维功能,但它们不能被人格化。它们可以胜任有关粒子处理的工作,但是装置无意于抓取粒子,也不想表现或理解它们。对于一架装置来说,粒子只不过是其可能发挥功能的一个领域。从这一角度出发,我们很难观察(例如,即使我们无法观察到磁场,但仍然可以使用铁屑来证实它的存在)到装置可能具有的其他功能,装置以同样不被察觉的方式将光子对硝酸银分子的作用转化为照片。这就是技术图像——在盲目中化为现实的可能性,在漆黑中现身的无形之物。

技术图像生成于一种可能性,即就其本身而言,粒子只不过是一种促生意外产物的可能性。换句话说,"可能性"就是构成宇宙与新意识的东西。"构成我们的材料,也就是那构成幻梦的材料。"① 可能性的两极是"不可避免"和"绝不可能"。在"不可避免"的方向上,可能性会变得越来越大,成为"很有可能",而在"绝不可能"的方向上,可能性会变得越来越小,成为"不太可能"。由此,新的宇宙和意识的基础是对可能性的计算。这意味着从此刻开始,"真"和"假"这样的概念只能指涉不可到达的极点,它们不仅在认识论,而且在本体论、伦理学和美学领域带来了一场革命。

"很有可能"和"不太可能"是信息学中的概念。在信息学中,信息可以被定义为一种"不太可能"的情况:越是"不太可能",信息量就越是丰富。热力学第二定律表明,正在出现的粒子化宇宙趋向于一种越来越"可能"的情况,即趋向于信息量的贫乏,趋向于粒子稳定而均匀的分布,直至所有形

① 出自莎士比亚的戏剧《暴风雨》。——译者注

式都灰飞烟灭。最后一个阶段，即热寂，是一个基本不可避免的阶段。这个阶段可以预先被计算出来，其发生的概率近乎百分之百。

就目前而言，我们还没有进入这个阶段；相反，无论是漩涡状星系、活细胞，还是人类大脑，我们总能觉察到一些"不太可能"的情况在宇宙的每个角落渐渐萌发，源源不绝。这种信息量丰富的情况源于一种"不太可能"的、出人意料的巧合，一种悖逆一般性熵增规则的"错误"的例外。于是，我们可以作出这种奇妙的假设：在理论上，可以存在一台足够大的计算机，它将所有已经出现、即将出现或尚未出现的"不太可能"的情况未来化（预先计算）。其横跨大爆炸和热寂间的一切，也包括此处正在形成的文本与计算机本身，但要做到这一点，计算机必须储存大爆炸的程序。因此，建造这样一台计算机的困难并不在于漩涡状星系、活细胞或人脑等包含的海量信息，而在于计算机不仅要包含大爆炸程序本身，还要包含这个程序中的所有"错误"。换句话说，它必将比宇宙本身辽阔得多，成为一个新的计算意识即将坠入的深渊。

尽管这个假设令人眼花缭乱，但它让我们能够更细致地观察到，发明那些图像制造机器的意图是什么。那就是生产意料之外的、信息量丰富的情形，将不可见的可能性整合成可见的"不太可能"的情况。最终，这种机制会包含一种与粒子宇宙的运行规律相悖的程序。因为装置是人类的产物，面对必然走向混乱无序的宇宙，人类是一种与宇宙中那些不可抗拒的趋势相对抗的力量。自从伸出双手去对抗世界，使其停下走向混乱的脚步，人类就一直试图在周围留下信息。面对热寂与死亡，人类的回应便是"赋予信息"。在这个纷扰的世界上，装置应运而生，它们的诞生是为了生产、存储和传播信息。从这个角度来看，技术图像是那些助人永恒的信息所存储的地方。

但是，装置中存在一种奇怪的内在辩证性，一种矛盾的东西，即装置的设计和运作是为了生产"不太可能"的情况。这意味着，在装置中，情况不是像在宇宙的程序中那样，作为一种错误而出现，因为"不太可能"的情况是被有意设置的，随着装置程序的运行，它出现的可能性就会越来越大。但是，那些熟悉装置运作程序的人可以预测这些情况的发生，正如任何电视观众都或多或少能够预测未来几周的节目。这样看来,前文中那个诞生于深奥推理的、形而上的超级计算机就没有存在的必要了。这也就是说,从宇宙的角度来看,那些由装置依照其运作程序所生产的图像是"不太可能"的(比如,一张照片可能需要数十亿年的时间才能在没有装置的情况下自行生成),但是从接收者的角度来看,它们并没有什么神奇的,它们包含的信息量也不多。那么,对于技术图像接收者来说,那些编入装置中的负熵就会转换成熵——以一种隐蔽的方式。

这样一来,装置的根本矛盾就产生了,因为像宇宙一样,它也是自动运作着的。它的运转程序是一种各种情况可能会随机发生的游戏,一种被编排的偶然事件。装置与宇宙之间的区别在于,装置会持续地运行编入其中的任务(例如,全自动卫星相机会持续拍摄照片),而宇宙则会通过运行任务而奔向热寂。因为这实际上就是"自动化"的定义:自主计算偶然事件,无需人类干预,并且在生成人类所需信息后暂停。因此,装置与宇宙的区别在于,装置是受人类控制的,但是,装置也不会始终如一:从长远来看,装置的自主权一定会从人类手中解放出来。这就是为什么装置中的负熵会化为熵。

自动化潜在的危险在于,在达到了人类的预期目的后,装置还是会继续运作并生成人们计划外的结果(例如,生产热核武器的装置),这是对技术图像制作者的真正挑战。在这里,我们把技术图像的制作者称为"凝想者"(Einbildner),以此区别于传统图像制作者,并且分辨"视觉化"与"描绘"这两种不同的工作。凝想者们操控装置的按键,确保其能在生产人们所需要的信息后停止。尽管装置的自动化程度越来越高,但人们还是会坚决地控制它们,维持人类对机器的掌控。因此,凝想者是试图使自动化的装置悖逆其本身自动化属性的人。没有自动装置,他们就无法创造幻象,因为如果没有自动化装置的按键,他们凝想出来的东西以及组成这些东西的粒子就始终是看不见、抓不到,也无法理解的。但是,他们也不能完全把自己的凝想托付给自动装置,因为如果这么做,自动装置生产的技术图像就会是多余的。从装置的程序来看,这种多余之物就是可预测的、无信息量的情况。

由于自动装置内部的矛盾性,装置自身的工作也是自相矛盾的。例如,当我们看到摄影师举着照相机的手势,并把这种手势与全自动相机(如卫星中的相机)的运动相比较时,就很容易简化这项工作。因为表面看来,全自动相机的运转似乎总是伴随着偶然性,而摄影师只会在感到满意时才按下快门。但如果仔细观察,我们就会发现,摄影的手势实际上是以某种方式执行了装置的内部指令:装置的确可以满足摄影师的期望,但摄影师也只能在装置的功能范围内抱有有限的期待。摄影师制作的任何图像都必须在装置程序的范围之内,如前文所说,这些图像会是如人所料的、无信息量的图像。这意味着,摄影师的手势连同他的意图都在装置的功能范围之内。然而,全自动摄影与人类为使某物视觉化而进行的摄影显然不同,在第二种情况下,人类的意图会从装置内部,从自动化功能本身来对抗装置的自主性。

技术图像所依赖的手势也深陷于矛盾之中,即人们认为装置应该自动生成信息量高的情况。面对这种矛盾,凝想者们会试图将自动化的生产方式与机器的自主性对立起来,这种对立发生在自动装置内部。技术图像诞生于一种两相矛盾的手势之中,诞生在装置的发明者与操作者、装置和人之间复杂的对抗与合作之中。

如果将这种手势与制作传统图像的手势进行比较(如前一章所述),人们会明确发现,两种手势诞生于两个完全不同的层面。对于技术图像而言,要首先对粒子计算进行编程,然后解码它们的程序,将它们转换成信息量丰富的情况。这关涉一个在粒子宇宙中运作的手势,即用指尖触摸按键。像宇宙的结构一样,这个手势的结构也是粒子态的,它由鲜明和独立的几个单元手势组成。这种手势的意图是将粒子变成二维图像,使其从无维上升到二维,从间隔处进入表面,让最抽象的东西变得明确而具体。显然,人们不可能将粒子聚集成一个表面,因为每一个表面都是由无穷多的粒子组成的,要生成一个真实的表面,就必须把无穷的粒子集合起来。因此,凝想者只能制作一个虚像,一个像栅格一样的充满间隔的表面。他们必须满足于这种表面的外观,满足于这种视觉的错觉效果。

凝想者的手势从粒子通往一个永远无法实在的表面,而传统图像制作者的手势则是从实在的世界通往一个虚拟的表面。第一个手势试图使事物具象化(从极端抽象回到可想象的层次),第二个则是抽取关键信息(从具象中退回）。前者的运作是从计算开始的，后者则从实体着手。简而言之，我们关注的是两个完全不同的图像表面，即使它们看起来似乎融合在一起（像真皮层和表皮层那样），但两者是截然不同的。因此，当谈论图像的意义和解码时，我们需要知道技术图像的意义存在于与传统图像意义完全不同的另一个地方。

目前，我们还没有对图像进行解码，原因我会进一步讨论。但是，如果未能做到这一点，我们就会始终受一种魅惑力的控制，被编排去从事魔幻的仪式性行为。对技术图像的批判性接收需要人们达到与技术图像生产意识相对应的意识水平。之后，我们就面对着这样一个问题：作为一个社群，我们是否有能力实现这种意识的转变。为了思考这个问题，我们需要反思自身当下的存在方式与行为模式。

# 第四章　触摸

　　在世界被分解成粒子，所有可识别的定位点都变得抽象之后，当前世界被集中在一起，我们也因此得以再度体验它、认识它，并在其中行动。这就是凝想者们所做的，然而他们需要收集的粒子既不可见、不可抓取，也不可理解。只有借助能够触及大量粒子的工具才能抓取它们，这些工具被称为"按键"。虽然长久以来，我们熟悉按键，多数时候还能不假思索地使用它们，但实际上，我们对其知之甚少。如果想要深刻了解世界——这个自己以指尖按压按键时身处的世界，我们就需要更仔细地探查按键问题。

　　按键俯拾皆是：电灯开关使房间瞬间明亮，汽车引擎在一个按键转动的刹那启动，按下快门会立刻产生图像。令人诧异的是，按键运行的时间与人类的日常时间无关，它遵循另一套标准，因为按键是在无穷小的粒子宇宙中运作的。在这个微末之地，时间像闪电一样迅烈地燃烧。同时，粒子在人类的标准中是无限小的，但它却能穿过无垠空间。灯闸一次跳动就能穿越电子宇宙，进入以人为尺度的世界，另一种开关的跳动则可能炸平山川，毁灭人间。因此，按键这种工具可以横跨三个层次：原子的层次、人类的层次、天文的层次。世界正是由这三个层次组成的。

　　通常而言，按键不会单独存在，而是组成键盘供人选择。如果我在电视机的控制板上按了某个按键，那么，我选择的图像会立即显现在屏幕上。尽管这些按键的操作空间非常小，但它们仍服务于人类的自由，就算那些并非在电脑键盘下长大的人们也能体验到其魔幻与神奇。当我的指尖游转，有选择地在打字机键盘上书写这段文字时,我就是在创造奇迹。我把我的想法分解成单词,单词分解成字母,然后选择与这些字母相对应的按键。由此,我考量着自己的想法,然后文字就出现在打字机里的纸上。每个字都清晰独立,但仍会组成一个线性文本。打字机计算出我考量的东西,并成功地将粒子包装成排。尽管过程一目了然,但这仍是一个奇迹,我能看到每一个被按压的按键都会启动一个指针,把我想要的文字敲到纸上,也能看到滑架如何移动,如何为下一个字母让路。这件事看起来透明无疑,但其实质却并非如此。

这种机械打字机的键盘是非常古老的。对于文字处理机来说,通过按键进行书写早已不是透明可见的过程,因为打字的人看不到这个黑盒子里发生了什么。装置不同于机器,它机械化的一面消失了。我们观察图像被按键合成、显现在电脑屏幕上的过程,就可以从某种意义上认识到按压机械按键的神奇之处:那是一种先考量、后计算的奇迹。技术图像的存在归功于这种奇迹。

"触摸"这个动词首先意味着怀着能偶然发现一些东西的希望而盲目地接触,这是一种试探性的做法。事实上,这也是黑猩猩在打字机上书写的方法,而且它们最终会在无意间写出一个与我们现在的文本相同的文本(尽管这可能要花几百万年)。当然,我不相信自己打字时是在盲目触摸;相反,我觉得自己书写的文本并非一个必然发生的意外事件,而是由我有意选择按键的行为而造就的。在写作的时候,我指挥着一个"字母与数字符号的宇宙"(超过 45 个按键),对我来说,每次敲击都源于自己的选择。有人可能认为"我不同于黑猩猩",因为我能努力缩减用试探性方法意外地生产出这个文本所需的漫长时间,把它压缩到人类时间的尺度之内。我把自己与黑猩猩以及其他蒙昧的生物区分开来,因为我能在更短的时间内生产出它们要生产的东西,而这就是对人类自由和尊严的确切描述。

这种情况也可以换个说法,即打字的黑猩猩沉浸在一种盲目的、偶然性和必然性共存的游戏中,而我却超越了这种游戏:打字时,我能通过游戏(打字机)看到要书写的文本。但是,我并不会思考自由之间,不会陷入眼前之物"过去是什么""未来是什么"这种哲学的泥沼,也不会困在"是什么"

这种苦思之中。那么,我们是否能够把黑猩猩的文本与我写的文本区分开来,即使它们看上去一模一样? 是否能从我的文本中发现某种与黑猩猩的文本不同的、传递信息与实现价值的意图? 如果是的话,我们就能够把人类的自由与意义定义为"实现价值的能力"。

在这里,我们讨论的其实是人类与人工智能、有意生产的信息与自动生产的信息之间的区别。打字的黑猩猩无疑是极端原始的人工智能,它们稀有、昂贵、低效;相比之下,文字处理机更普遍、便宜、迅捷。那么,如果我的文本与文字处理机生产的文本有着相同的字词,二者能够得以区分吗? 显然,文字处理机绝不会盲目按下按键,而是接受相应的编程,文本在其程序中获得预测。这种文本不是绝对随机诞生的,而是由概率游戏规则范围内的可用按键生成的:它不是无限性随机尝试的产物,而是在一个偶然存在的机会(aleae,机遇,"掷骰游戏")中产生的。文字处理机的文本来自一个"碰运气游戏",即一个可预测的偶然事件。那么,你是否能将这个诞生于"碰运气游戏"的文本与我的文本区分开呢? 或者说,我的文本也是一种"碰运气游戏",只是编程的方式有所不同?

黑猩猩也玩掷骰子式的概率游戏,只是规则非常松散,它只会随意组合按键,所以要花费很长时间才能完成我书写的文本。那么,人们会想,黑猩猩比文字处理机"更自由"吗? 那个抄录我文本的速记员不是也在做着这种概率游戏吗——虽然他遵守更严格的规则,因循一个先在的模型而一字一顿地录入而已? 那么,难道黑猩猩的书写更自由开放,而速记员的书写环境则是封闭的吗? 也许通过这种思考,我们可以根据每个程序的开放程度建立程序的层次结构:作为书写者,黑猩猩是最自由的,速记员是最不自由的,文字处理机则处于他们中间。但是,我在这个层次体系中处在什么位置呢? 低于黑猩猩、高于文字处理机吗? 人们能够从文本中发现我的位置吗? 实际上,这是一个不恰当的问题,因为它忽视了人类自由的特殊性。

也许,我们可以从另一个角度认识这种特殊性。按键终归是人类制造的工具,那么,人类的自由是不是存在于按键制造而非按键使用中,存在于编程过程而非被编排好的动作中,存在于打字机的发明者身上而非黑猩猩、文字处理机、速记员或者我这里呢? 发明者把拉丁字母、阿拉伯数字和一些逻辑符号从原始环境中抽离出来,把它们变成了按键,考量人的思维过程(把其中的原理提取出来),然后制造了一台机器,使它能够把人对自己思想的考量计入文本。至于其他问题——打字机的发明者把哪种类型的自动装置植入他的机器(不管是黑猩猩、文字处理器、速记员还是我),他如何编排这个自动装置,都没有多大关系。因为归根结底,包括我的文本在内的所有文本,都最终印在了纸上。人类特有的自由,就是编程的自由。

我承认,打字机这个例子有点吊诡,要打字机的发明者对我正在制作的文本负责,这是个荒谬的想法。但如果我举另一个例子,比如控制电视,一切听起来就不那么荒谬了。事实上,大多数按键都像电视机的按键一样,让人感觉编程者不在自己的视线范围之内,却操纵着我们的行为。承认这一论点的荒谬性,就意味着对抗浩如烟海的当代文化批评。

但是,让编程者对社会行为负责的观念也是完全错误的。这基于另一个原因。从按键追溯程序,再从程序追溯编程者,追溯的步伐迈入了无限回归的深渊。例如,正如打字机那样,黑猩猩和我都是一个机会游戏、一个程序的产物,即我们都降生在遗传信息的随机游戏中。作为某种意义上的必然事件,发明按键这件事出现在我的程序中,但没有出现在黑猩猩的程序中。那么,我们是不是应该寻找程序背后的编程者,寻找那个录入所有文字(我的和黑猩猩的)、事实上也对世界所有行为负责的超级编程者?因为人不可能既拥有通过按压按键而触及粒子群的绝对自主性,也拥有被编排好的意图,除非一个人完全相信先验的机会决定论。在拒斥这种神秘信仰时,人们也不得不拒斥"所有的社会行为都是程序化的"这种观点。如果人们不相信存在着一个盲目的、超越万物的编程者,那也不会相信存在着能够预知一切、无所不在的编程者。

那么,当人用打字机书写时,在这种一览无余的、机械化的过程中,人类的自由处于什么样的状态呢?大概是这样的:我知道,当我按下一个键时,我正在处理一个程序化的工具,它可以触及粒子群,并把它们编排成文本;我知道文字处理机器可以自动完成,黑猩猩可以在偶然间完成,速记员可以通过复制现有模式来完成这项工作,而且他们都会生产出与我的文本相同的文本。因此,我也知道,按键正将我引入一个偶然和必然交织的网络之中。尽管如此，我还是要把我写作的手势视为一种自由的手势——自由到我宁愿放弃我的生命，也不愿放弃我的打字机的程度。"记载是必要的，而存在并不。"①因为当我在写字时，我的存在集中于我的指尖上：我的全部意愿、思想和行为都流入其中，流过指尖，流过按键，流过按键控制的粒子宇宙，流过打字机和纸张，进入公共领域。这就是我的"政治的自由"：我的击键、传播信息的手势，就是我对按键的具体体验。

上述内容对按键的聚焦也可以用于观照前两章，大概可以这样理解。行动是人类脱离客观世界后的第一个手势，其次是眼睛的观察，而后是概念化的解释，继而是计算性的触摸。手使人类成为世界的主体，眼睛使人类成为世界的观察者，手指则使人类成为世界的统治者。通过指尖，人类赋予世界意义。我们可以把当前的文化变革看作人类存在方式向指尖的转移过程。工作(手)、思想(眼睛)和叙事(手指)将服从于被编排好的计算。这样，按键就把我们从改变世界、探察世界和解释世界的压力中解放出来，给予我们新的任务——为世界和生命赋予意义。

当我使用打字机时，这种对按键的狂热表现得更加明显，这是属于那些凝想者(摄影者、摄像者、视频制作者，尤其是未来计算机合成图像制作者)的狂热。尽管人们能够意识到按键的自动化特征，但是，那种对创造意义的狂热，对体力劳动、意识形态与权力争端的蔑视，对那些"不太可能"的事件的专注，仍然会在按键凝集人类的生存意义时成为一种普遍的状态。

当然，我们还没有到达这种阶段——这种按键帮助人类自由创造意义的阶段；相反，我们发现自己处于一种相对原始的状态中：我们尚没有正确理解那些按键，也因此没有合理地设置按键。目前，我们有两种(被错误设置的)按键：一种用来发送消息(称之为"生产型按键")，另一种用来接收信息(称之为"再现型按键")。前者是使私人事务公共化的工具，后者是使公共事务私人化的工具。例如，电视节目制作者使用的按键致力于宣传制作者的私人观点和意见，电视屏幕上的按键则帮助这些被公开的观点和意见进入私人领域。事实上，这两种按键被两种氛围笼罩着：在发送方是一种

---

① 原文在此引用了拉丁语格言"Scribere necesse est, vivere non est"。——译者注

幻想的感觉(我之前试图描述的那种"狂热"),在接收方则是一种被操纵的感觉(我之前质疑的、文化批评的基础)。

在思考这两种按键时,人们会惊讶自己依赖的是一个过时的概念而非按键的实际特性,这个过时的概念就是"话语"(Diskurses)。在这个概念的语境中,消息在发送者的私人领域生成,通过公共空间被发送到接收者的私人领域。由此看来,前面例子中的电视信息是在节目制作者的私人空间生成的,然后通过公共空间进入电视观众的私人空间。但是,按键的宇宙没有公私之分。制作者并不是在一个私人空间,而是在一个发射台,即一个由复杂工具与功能执行者共同组成的复合体里生产信息的。将消息穿过的电磁场视为一个"共和国",这种做法是荒谬的。同时,电视屏幕的空间对无数消息开放,不能视其为真正的私人空间。除此之外,发送和接收的机制也是相互协调的,因为它们作为一个整体运行。简言之,按键打破了私人和公共的边界,它们将政治的空间与私人的空间融合在一起,使我们承袭的"话语"这个概念变得多余。

可见,我们当下对这两种按键的使用都基于一种对按键特性的误解。按键的特性在于在"对话"中彼此连接(例如,通过电缆)并建立网络,它不是作为散漫式的工具而是作为对话式的工具来运作的。因此,发送的按键与接收的按键、生产型按键与再现型按键的区别只是暂时的。打字机是电传打字电报机的前身,洗衣机控制板则是连接洗衣机制造商与用户的反馈循环的前身。可以说,当前的按键就是远程通信社会(telematischen Gesellschaft)的前身。

按键瓦解了政治空间和私人空间的概念,迫使我们思考其他的分类。面对这种由对话式连接的按键所主导的新情况,我们不能再使用像麦克卢汉"地球村"这样的概念,因为当公共的村庄广场和私人住宅都不复存在时,人们就不能再谈论"村"了。按键网络及按键彼此之间的对话式连接使人想起大脑结构,人们会用"全球大脑"这样的词,而不是"地球村"。在这种结构中,释放相机快门与旋动洗衣机启动钮之间没有任何区别:两种动作接收和发送信息的程度相同。

在当前阶段,仍然存在一些"有问题"的按键,它们允许我们选择,但不允许我们表达自我（如电视的控制板）。在这个时候，选择的自由与存在的自由是相互矛盾的。也正因如此，电视或洗衣机上的按键不能激起人们的"狂热"（除非我能在洗衣机广告中分享使用洗衣机的热情）。但是，我们可以期待在自动化发展的后期阶段，可能所有的按键都能激发人们的热情，因为这些按键都帮助人们彼此连接，为混沌的粒子宇宙赋予意义。

技术图像的制作者，也就是那些凝想者（摄影者、摄像者、视频制作者），实际上站在历史的尽头。在未来，每个人都会凝想，每个人都能使用按键，这将帮助他们和其他人一起合成计算机屏幕上的图像。严格地说，他们都将站在历史的尽头，他们所处的世界将不再能被清点和解释：那时的世界已经分解成粒子，即光子、量子、电磁粒子，幻化成一种不可观察、不可想象、不可理解，但可以被计算的团块；甚至人们的意识、思想、欲望和价值观也分解成粒子，分解成信息的碎片，分解成一种可以计算的团块。我们需要通过计算这个团块，让世界再次变得有形、可想象、可理解，并让意识再次复位。也就是说，在周围和自身内部混乱悬浮着的粒子必须聚集到表面上，它们须被凝想出来。

我们已经具备实现这一目标所需的视觉化的能力。也就是说，我们拥有可以进行可视化处理的装置，这些装置是根据偶然性与必然性（概率控制原则）的原理自动运行的。然而，在释放快门的时候，我们也有理由相信，我们正在为自己周围、自己内心的那个混乱的、完全抽象的宇宙赋予意义。这就是按键凝想的魅幻而诱人的地方：技术图像是能够给世界、给我们带来意义的幻影。

下一章我们将关注视觉化与实现视觉化的力量，把它与早先传统图像制作中的想象区分开来。这涉及技术图像及其粒子性的幻影，涉及宇宙大脑中那些游丝般的奇思妙想。下一章主要讲述表面是如何出现的，以及这些在按键发明前不可能存在的表面是如何来运作凝想的力量的。

# 第五章　凝想

技术图像是一种凝想而成的表面。我们用放大镜观看一张照片时，最终看到的是一个一个的颗粒；当我们凑近电视屏幕时，会看到非常小的点状物。实际上，照片是化学粒子组成的图像，电视是电子微粒组成的图像，这两种粒子的组合方式不同，但粒子元素的基本结构是一样的。在技术的层面上，以化学手段生成的图像（可能无法维持太久）在某种表面上（以及在感知上）凝想式自我呈现的方式与电子图像的呈现方式存在差异。重要的是，所有的技术图像都具有相同的基本特征：仔细观察后，人们会发现它们都是基于粒子计算的凝想的表面。

人们必须仔细观察才能认识这一点，乍一看，技术图像好像是一种表面。然而，观察不仅仅是随意一瞥，这就是为什么我们难以洞察许多眼前的事物，因为怠于仔细观察，我们会以为技术图像就是一种表面。这种瞥见与观察、浅尝辄止与寻根究底之间的矛盾引出了一个我们熟悉的问题：观察者与被观察物之间的距离问题。我试图说明，就这个距离的呈现方式而言，技术图像与构成客观世界的所有其他物体是完全不同的。

仔细观察眼前的木桌，我们会发现，它其实是一堆粒子的组合，而且绝大部分地方是空洞的，它坚固的整体感实际上是一种幻觉。但是，我的打字机绝不可能穿过桌面而掉下去，这是一个可能性极低的事情，在任何意义上都不是奇迹。基于此，我的写作可以摒弃所有关于颗粒结构的认识，而仅仅谈论桌子的坚固性。就桌子而言，实践早于认识。也就是说，那些计算桌子粒子结构的理论科学家们是在事后介入的，他们并不能影响桌子的制造。

昨天，我在电视上看了莫扎特的歌剧《女人心》。仔细观察后，我看到阴极射线管中电子的痕迹。然而，我不能像看桌子时那样，对图像粒子结构的认识置之不顾，因为图像本身就来源于理论科学家——正是因为他们，《女人心》才登上了电视屏幕。昨天我领略的歌剧之美，是基于对粒子宇宙近距离观察效果的考量与计算。这些理论先于《女人心》的播映，没有这些理论，也就没有实践。

桌子与《女人心》的视频图像让我们明白了凝想的含义。一方面，如果我宣称桌子的坚固性是虚幻的，那确实毫无意义，因为它的确是坚固的，它的粒子成分只有在经过一系列抽象化之后才能显现；而在另一方面，人们也可以认为，我昨天是在幻觉中观看了莫扎特的歌剧。因为实际上，我昨天看到的是一系列抽象粒子具象化的产物（经过考量与计算），这就是为什么我昨天能够拥有一种具体的体验。这种体验是具体的，因为它是抽象之物视觉化的产物。因此，凝想指的是一种能力，一种从粒子宇宙回到具体世界的能力。我由此相信，当人们发明出技术图像时，凝想的能力已经随之出现了。然而，只有当照片、电影、电视、录像和电脑屏幕诞生后，我们才真正理解了凝想的含义。

我们仔细观察技术图像就会发现，它们其实根本不是图像，而是化学或电子运作过程的征象。拿着一张照片，我们就能向化学家展示银化合物的特定分子如何与特定的光子发生反应。电视图像可以向物理学家展示特定电子在电子管中运动的路径，它们使这个过程变得可见，就像威尔逊云室能展示粒子的轨迹一样。但是，这种可视物体的客观性又呈现了一个关于知觉理论的问题，因为只有通过使用敏感的表面，通过阴极射线管或威尔逊云室这些特定的工具（介质），我们才能看到粒子。不过，这些工具本身是否会影响被视觉化处理的现象呢？

表面看来，技术图像仅仅是一种图像而已，前提是它与观看者保持一定的距离。如果某位物理学家细察昨天《女人心》的电视图像，他就会在阴极显像管中看到电子的踪迹。物理学家的深刻洞察揭示了粒子宇宙的单调与乏味，但在另一方面，尽管我止步于粒子的表面，却领略了《女人心》之美。

这样看来,难道我们应该推崇肤浅和视觉化而拒绝深刻的洞察力吗? 难道"艺术胜于真相"吗?

顺便说一句,理论科学家,即这些洞若观火的人,实际上并没有真正制造出昨天的图像,他们只是使之成为一种可能。技术人员和凝想者制造了这些图像,他们是表象的生产者。他们按下各种按键,制造了他们不需要深入了解的运作过程,使我随意按下按键就能够看到《女人心》。那些具有深刻洞察力的人可能会问,那个将我与凝想者联系起来的各种黑盒子里到底发生着什么? 如果我们想要探寻凝想的力量,那就必须让这种黑盒子在控制论的意义上保持不透明性。

这意味着,对视觉化的探究具有一种奇怪的(也是新发的)对深度阐释的不信任,这也同样导致一种奇怪的(也是新发的)对深度本身的蔑视。随后出现的科学阐释与技术是视觉化力量的核心,但它们令人意趣索然,因为这些阐释都是乏味的,与之相比,真正有趣的是视觉表象带来的具体体验、刺激与信息。阐释是抽象的,视觉形象则是具体的,这就是正在浮现的视觉化力量与意识的新颖之处:科学话语和技术进步变得关键但无趣,我们在别处,也就是视觉形象那里,感受兴奋。

因此,对视觉化研究的入口应当从按压按键的手势转移到凝想者的意识,就像我试着用打字机打字时那样。我发现在这两种情况下,按压按键的手势是一样的,但凝想者却需要另一种意识,因为他们用的是不透明的装置,而非可以一览无余的机器。凝想者无法像打字者监督打字机那样监督他的装置;相反,他身处其中,与装置融为一体,他们与装置的纠缠比打字者与机器的联系紧密得多。凝想拥有远比书写更强的功能性:它是一个被编排的程序。当我打字的时候,我经过机器走向文本,但当我凝想一幅技术图像时,我要从装置内部开始构建。

这种情况取决于两个因素:第一,凝想者按下按键,将事项设置为他们未能掌握、理解或想出的运动;第二,他们所视觉化的图像并不由其自身生产,而是由装置自动产生的。与打字者不同,凝想者不需要对自己所做之事了然于心,通过这种装置,他们可以从深刻的压力中解脱出来,全身心地投入对图像的构建。打字者要注意文本的结构,规定字母出现的顺序(正字法、语法、逻辑），关注文本的语音、节奏和音韵，他创造性的、知识性的成就中，很大一部分正是基于对这些元素的处理。与之不同，凝想者控制着一个自动装置，这个装置为他承担所有的东西，这样他就能够完全专注于那个需要他凝想的表面。因此，在两种意义上，他按压按键的标准都是基于表面的：他与构建图像的精深工艺没有联系，除了那个正在被生产的表面，他无所挂碍。

装置迫使凝想者将目光停留在表面，也从深奥的迷思中将他们解放。凝想者对表面的聚焦促使非凡的创造力喷薄而出：图像表现出一些前所未有的征象。现在，我们触手可及的照片、电影、电视和视频图像预示着这种力量在未来将要实现的事情。只有当我们聚焦于计算机合成图像，也就是那些因为难以抓取、不可想象和无法理解而显得几乎神秘诡谲的图像时，我们才能开始揣度这种即将到来的幻觉性的力量究竟是什么。

凝想者按下按键来赋予信息，从最严格的意义上说，也是在可能性的范围里生产出"不太可能"的事物。通过按下按键，他们引导自动性装置在其程序内部生产"不太可能"的、出人意料的事物。他们按下按钮，从正在被装置考量着的、混沌的粒子宇宙中引出出人意料的情况。这种凝想的力量所构筑的"不太可能"的世界就像皮肤一样，包裹着混沌的粒子宇宙并赋予它意义，它旨在使我们正在坠入其中的、抽象而荒谬的宇宙获得具体的意义。

这种反思促使我们定义新的意识，即凝想的力量。凝想者们站在抽象世界中极度边缘的地方，在无维的宇宙中，他们让我们再次具体地体验世界和我们的生活。只有通过照片、电影、电视、视频图像，尤其是未来的计算机合成图像，我们才能回到具体的经验、认识、价值和行动中去，远离这一切已荡然无存的抽象世界。

基于以上关于凝想的论述，当前的文化变革大致可以总结如下。我们是第一代在严格意义上拥有凝想力量的人，与我们的图像相比，所有过去的幻想、想象和虚构都是苍白的，我们即将到达一个新的意识层次。简言之，在这个层次，我们对深层的连结、解释、列举、叙说与思量的探寻，以及历史的、科学的、文本式的线性思维，正被一种新的、视觉的、基于表面的思维方式超越。这就是为什么任何区分虚幻与非虚幻、假说与现实的尝试都失去了意义,新的、抽象粒子的宇宙已经向我们证明,任何非虚幻的东西都不存在。因此,我们要抛弃真实/虚假、非人工/人工、实质/表面等分类,代之以具体/抽象的分类。凝想的力量就是从抽象中提取具象的力量。

知觉理论、伦理学、美学乃至我们的存在感都处于危机之中。我们生活在由技术图像构建的虚幻世界中,日益深陷于图像的功能,并在其中体验、认识、评价和行动。我们把图像归功于源自科学理论的技术,而这些理论坚定地告诉我们:"在现实中",万物都是处于衰变中的粒子群,是无尽的空虚。作为西方文明的果实,科学与由其衍生出来的技术一方面已经把客观世界侵蚀成虚无,另一方面,又让我们沐浴在虚幻的世界里。这样看来,历史的脚步在西方已经达到终极阶段,这个阶段似乎接近于佛教的世界观:摩耶的面纱包裹着涅槃的无尽虚无。从这个角度来看,西方历史的激流将化为空寂,淌入永恒的东方的海洋。

有很多证据表明,这种西方社会自杀式发展的观点是合理的。然而,这种观点很大程度上忽略了当前文化变革的关键。这种关键在于,我们开始使用凝想的力量,正是这种力量支撑着技术图像的存在,而技术图像则使我们能够考量和计算那种包围着我们的虚无。因此,我们的幻觉不应是为坠入涅槃而被抛弃的东西,恰恰相反,它是我们在面对无尽虚无时作出的回答。技术图像的面纱包围着我们,它看起来像东方式的"面纱",但它给我们带来了一个与之截然不同的挑战:我们的面纱不会撕裂,而是被越来越细密地编织起来。在下面的章节,我会专门研究这个日益密集的网络。

# 第六章 表意

　　在上文中,我们对新生活方式的分析是基于一种假设展开的,即我们日渐集中地将注意力放在自己的指尖上。在"按压按键"这样一种司空见惯的手势中,我们可以印证这一假设,但指尖所做的并不只是"按压"这样简单的动作,它也可以指向某物,为外物赋予意义,说明它们的意图。在这里,我不再赘述"触点""表述""含义"等概念的相关问题,因为在符号学研究中,"符号"与"意义"已是寻常话题,无需再释。当前,人们对符号学的兴趣实际上证实了其正日渐关注指尖在崭新世界中所扮演的角色。我关注的具体问题是:技术图像表达、指向了什么,技术图像有着怎样的意义?

　　广义而言,这个问题基本上没有确切的答案。世上有林林总总的技术图像,它们似乎各具其意,比方说,照片可能表现了周遭的景观,电影则呈现了周围的事件,而计算机生产的图像似乎没有什么表意的界限。因此,前文提出的问题似乎需要定向地针对各个种类的技术图像。然而,同类图像也可能具有不同的表意形式,例如,房屋的照片与那些被误认为所谓"抽象"的照片就具有截然不同的表意形式。因此,这个问题还需进一步分情况讨论。这样看来,对意义的探究必须具体到每一幅技术图像。尽管质询技术图像的意义看起来似乎是荒谬的,但在这里,我会向大家展示所有技术图像共有的特点。

　　在那些由电子生成的图像诞生之前,似乎所有的技术图像都通过捕获和控制来自外界环境的、近处的粒子或波而生成。因此,它们的意义似乎就是其所描述的环境,每个图像都有其描述方式。然而,在合成性图像的语境中,这种意义生成的方式会失效。尽管合成性图像也会捕捉和控制临近的粒子,但它们展现的东西,比如一架尚未建造的飞机或四维立方体,不能被视为对环境的描述。因此,当前的问题在于辨别两种根本相异的技术图像:描绘与模型。这两者中,一个意味着"是什么",而另一个则意味着"可以是什么"或"应该是什么"。

然而,当描绘与模型得以区分时,问题就出现了:"房子的照片描绘了那座房子"和"那架尚未建造的飞机的计算机图像是一个模型"这两句话,究竟意味着什么呢?或许是说,房屋真实地存在于外界的某个地方,而飞机则只能存在于此?又或许是表明,摄影师发现了那座房子,而电脑操作者则发明了这架飞机?抑或是更敏锐地指出,房子是照片的缘起(因为它在被摄入图像之前就已经矗立在那里了,经它反射的光线形成了图片),而那架飞机则是计算机图像的一种可能的结果(因为图像是先在的,飞机是其催生出来的)。然而,无论怎样列举描绘与模型的异同,我依然疑虑重重:照片描绘了人们发现的房子,还是房子催生了照片,真实情况究竟是怎样的呢?难道那座房子不就像我们在照片中看到的那样吗(如果探寻房子的现实样貌是有意义的话)?难道摄影师实际上并没有发现这座房子,他就像某人在散步时发现自己置身于房子前面那样吗(如果有意强调发现与发明的区分)?毕竟,那座房子并没有像狗在雪地上留下足迹那样,导致了照片的诞生(如果我们有意强调粒子宇宙中的因果关系)。我不再确信街上的房子与尚未建造的飞机在存在的层次上是不可区分的,但我仍坚信,描绘与模型是含混难辨的。

因此,我们可以说,摄影师制作了一座房子的模型,同样,电脑操作者制作了一架虚拟飞机的模型。这里的两个"模型"是以不同方式生成的表征物,是那些被计算概念的素描图,而那些概念也反过来解释着周围环境的视觉形象。摄影师构想了一座房子,对他而言,这座房子就好像立于客观世界一样,然后,他手握装置,"抓住"(通过"视角""快门速度"这些概念)这个他构想的对象。装置能自动计算这些概念,摄影师按下按键,机器执行这些计算,最终把房子的幻象寓于图像之中。电脑操作者构想了一架飞机,然后他手执装置(或伸手去拿桌上的装置)来"抓住"那个他构想的对象(通过"空气动力学方程"或"生产成本"等概念)。这个装置也能自动计算这些概念,电脑操作员通过键盘让装置展开这些计算,使飞机的视觉形象出现在屏幕上。摄影师与电脑操作者两个案例中包含相同的凝想的力量,唯一的差别在于,后者比前者更有意识地使用了这种力量。当我们思考技术图像时,无需区分描绘与模型,因为所有技术图像都是视觉化处理的结果。

拍摄房子的摄影师会凝想一些东西,然后像电脑操作员那样付诸行动。实际上,他凝想的房子所展现的并非现实样貌,而是它"应有的"样貌,他是发明而非发现了那座房子。同时,房子也不是图像的来源,而是图像的结果——就像我们看到的那样。因此,我们可以说,摄影师生产了房子的模型,电脑操作者描绘了一架飞机。与之类似,就像摄影师一样,电脑操作者知晓这架飞机的外观与形态——其正如他描绘的那样。对技术图像而言,尝试区分描述与模型的行为是无效的,因为无论人们选择何种形式,这些图像都不是复制品,而是创造物。同样的视觉化力量运作在一切技术图像之中。

然而,这并不意味着我们无法依据意义来划分技术图像的类型,我们只是需要一种与技术图像特性相契合的分类方法。或许,人们可以根据图像包含信息量的水平将它们分类:它们包含的信息是丰富的,还是贫乏的?它们是惊世骇俗的,还是如人所料的?比如佛罗伦萨大教堂的照片对我来说就没什么意义,因为我看过很多类似照片,又或者因为我从未见过四维立方体图像,所以它对我而言是具有丰富意义的。这意味着,尽管我不能分辨图像是一种描绘还是一种模型,但可以区分信息量丰富的图像与冗赘多余的图像。当然,我并未说明图像之意,只是阐释了图像如何表意的问题——这就是审视技术图像的恰当方式。

通常,我们以图像生成的过程而不是含义来划分技术图像的类别,比如化学制图或电子制图。化学制图可以分为无声与静止的(照片)、有声与运动的(电影),电子制图也包括各种亚类,从视频到计算机图像。我们可以依循时间脉络来解读这种分类方法,因为技术日新月异,代代更迭。如果最初的技术图像是以化学方法生成的照片,晚近的图像是电子化的合成图像,那么我们可以确信，未来的技术图像（尤其是照片）会在人工合成的道路上越走越远。毫无疑问，依循时间顺序的解读方法会影响以意义组织起来的系统结构，因为技术的发展过程本身是赋有信息的，而且越是新生的技术，其具有的信息量就越大。从这个角度看，合成图像比照片更加出人意料，而摄影则将渐渐沦为一种意义匮乏的技术。这对图像摄影师与电影创作者来说是一种挑战，因为正如前文所说，他们根据"多余—富含信息"的标准来评判图像，他们要将自身凝想的力量投入那些富有意义的图像的创作中。

谈到技术图像意义，首要的问题是，视觉化手势的方向问题：指尖如何操纵图像？图像生产者的姿态是怎样的？他们又站在哪里呢？站在这个角度，带着这些问题，人们将认识到，在视觉化手势的内部，一种革命性的、新的存在方式正在寻求表达，人类的世界观正在经历转向。这种转向剧烈而决绝，但我们难以目睹。因为凝想者，即那些生产技术图像的人正站在世界的对面，指点江山，定义一切。他们的手势就是不容置疑的、命令性的编码手势。凝想者就是那些置身于世界对面，用指尖对准世界并赋予其信息的人。技术图像具有这种命令式的、编纂性的意味，这体现了人类宇宙观的一种转向。线性的、历史性的意识通过文本获得意义，诞生于世，这种意识栖身于一个需要阐释、说明和解码的世界。"自然之册"①：对其而言，世界是一个等待解释说明的编码文本。其中，科学话语、线性系统中对过程的解释，就是人类应对世界挑战的产物。意义的指针与向量在世界与人类之间穿行，世界意味着某些东西。于是，世间一切都是某物的符号，人们必须对世界形成一种基本观念，以此来解码纷繁的指征、符号与线索，例如，得出所谓的自然规律。人必须俯身于世界，即俯身于文本之下。"知与物符合"②：历史上，人类连同人类的意识，就是以这样的姿态俯身于世界的。

当世界与意识都化为粒子时，这种姿态就无法继续保持了，因为如果那些把过程按顺序组织起来的线索松散开来，世界与意识就失去了其文本性的特征。世界的符号不再被组织成代码，人们也因此无从探究，无可解释。

---

① 原文引用了拉丁语短语"Natura libellum"。——译者注

② 原文引用了拉丁语短语"Adaequatio intellectus ad rem"，出自格言"Veritas est adaequatio rei et intellectus"（真理是知与物的符合）。——译者注

目前,世界的符号实际上是没有意义的,因为它们只构成了一个无结构的元素堆。在这个元素堆中,历史意识所探寻的结构其实就是其自身——被以文本化的方式生产出来的自身。因此,世界失去了意义,而人们能意识到的,除这些零散漂浮的元素之外别无他物。我们存在于一个荒谬的世界,在此,俯身于世界是一种不合时宜、应被抛却的姿态。

当下,人们在诠释、说明与解读这个世界时体会到的失落感(发现世界深处无可发现)引领我们改变面对世界的姿态:感受到失落,于是我们不再俯身其下,而是挺身而立,伸出手臂,指点世界。从当下开始,所有的指针、符号、信号标与引路牌都远离了我们,也没有什么东西指向我们。也正是从当下开始,我们成为向世界投射意义的人,而技术图像就是这种投影,无论这些图像是照片、电影、视频,还是计算机图像,它们都有一个共同使命,即为荒诞赋予意义。

传统图像构成的世界里筑有道道墙壁,这些墙壁(不论是洞穴墙壁,还是民居中的墙壁)承载着反映环境的图像,比如公牛或弗朗茨·约瑟夫皇帝。这意味着,公牛或皇帝的意义应当被显现在墙上,用来观瞻,这是一种深奥、神秘而庄严的意义。这些悬于墙面的图像将这些意义呈现在表面,并解释它们;与之相反,技术图像的宇宙里没有这种有形的基底(尽管照片可能保留在纸上、被固定在墙上)。在这里,图像被投射到虚无或某个领域之中,如果这些图像也展现出公牛或弗朗茨·约瑟夫皇帝,那么它们就为虚无之地,即为我们身处其中的领域赋予了意义。当然,我们把公牛或帝王注入虚无之境的方式不再是解释,而是凝想。

在此,人们彻底颠覆了自己面对世界的姿态,就像我们仍是动物的祖先站立起来成为原始人类那样。那时的我们挺直身体,然后把手伸向世界,解决问题,展开行动。现在的我们挺直身体,然后投射意义之矢,编造代码。也就是说,我们不是去行动,而是去象征;不是探寻某个对象的信息,而是拟造纯粹的信息——技术图像就是这样的草稿。技术图像的电子化程度越高,那么它们包含的信息就越纯粹。

当我们第一次在技术图像中察觉意义向量的反转时,这种反转会使我们困惑于自己继承而来的意义类别。但凡这些向量是从世界指向我们的,我们就要回答,自己解码的这个象征物是什么意思。因为这时,象征物(能指)表示着外面某个事物(所指),比如,在物理学符码中,$m$ 的意思是"质量",这个"质量"就在外面,在物理话语宇宙中。在传统图像的符码中,有一个具体的象征物表示"房子",这个"房子"也就在外面,在传统图像宇宙中。然而,在意义的向量反转之后,"这是什么意思?"这种问题就失去了立足之地,因为"外面"这种空间不复存在。由此,"技术图像表达了什么意思?"是个错误的问题。尽管技术图像看起来似乎是描绘性的,但实际上它们并不描绘,而是投射出某些东西。无论是房子的照片,还是虚拟飞机的计算机图像,技术图像的所指都是从内部伸向外部的。在被呈现之前,它们并不存在于外部世界。因此,技术图像必须从所指、从"为何呈现"的角度,而不是从能指、"展现了什么"的角度去解码。对它们而言,恰当的思考在于,技术图像是为了达到什么目的而表意的?解码技术图像并不是挖掘它所呈现之物,而是探究它本身是如何被构建的。

为了使这种解释的倒置、语义类型的颠倒更易于理解,我们再来比较一下技术图像与传统图像的异同。传统图像就像镜子那样,它们捕捉从世界涌向我们的意义的向量,以不同的方式对它们进行编码,并在一个表面上反映它们。因此,我们可以质询它们的意义。技术图像是一种投影,它们捕捉那些从外界流向我们的本无意义的符号(光子、电子),为它们编码并赋予其意义。因此,我们无法探寻技术图像的意义是什么(除非你给出一个毫无意义的答案,即它们意味着光子)。由此,我们要思考的问题是,制作技术图像的目的是什么?因为它们所展示的只是其意图的功能。

技术图像与传统图像看起来可能别无二致:那张房子的照片可能很像一张描绘这幢房子的图画。有时,照片甚至能更精细地呈现房子,仿佛它是一种比图画更好的镜子,但这恰恰是一种反向的展示、一种技术图像的批评角度,因为这种卓著的"客观性"恰恰是其意义所服务的某种意图的功能。从所谓"常识"的角度来看,技术图像是对外在世界事物的客观呈现。然而,如果无视这些"常识",这种至关重要的意义的投射表明,技术图像并不是镜子,而是被编排成在"常识"中如镜子一般的投影。

技术图像是一种投影,就像车灯前光或灯塔那样,它们呈现了一种从投影的生成器到地平线的方向。因此,在解码技术图像时,我们需要将它们看作一种指向外界的方向标,而不是外部世界中某物的表征。所以,我们解码的对象应当是投影的生成器,即它的编码程序。技术图像展现的东西取决于它的指向,这意味着它们的意义就是它们的价值。对它们而言,两者是一致的。技术图像的语义维度与语用维度是相同的,如果探寻它们表现的内容,我们就会迷失在空洞的问题中:那个被描绘的房子是现实存在,还是仅存在于一个表面上呢?或者,政治家在电视上的形象可以是演员模仿的这个人物的表演吗?这些并非什么好问题,它们的答案与技术图像毫无关联,因为这些问题预设了真实与虚假的区别,而在技术图像的宇宙里,这种区别是多余的。技术图像展示的不是意义,而是一种我们可能被引入的方向;信息并不是技术图像展现之物,而是技术图像本身——这就是我的核心观点。

我们必须从技术图像程序的基底来展开批评。我们不能从意义向量的顶端出发,而应该从射出这支向量(箭)的底座(弓)开始。技术图像的批评要求我们对其运行轨迹及背后的意图进行分析,而这种意图存在于一种联结之中:将生产它们的装置与创作它们的凝想者联结一起。这种批评需要一种不同于传统图像批评的新标准,比如信息内容分析或信息结构分析,展现着逆向意义向量的技术图像具有空前的意义:它们不表达任何东西,只是展示一个方向。

当前,技术图像围绕在我们四周,它表述着一种模型,一种关于社会如何体验、感知、评价与行为的指南,一种指引性的程序。目前,凝想者与他们的装置赋予图像的不仅是已完成的意义,还有正在被编排的意义。我们生活在被笔直伸出、发号施令的食指之间,盲目地跟从技术图像的指引,直至我们认识到自身的盲从正是技术图像的意图。事实上,只要我们认识到这一点(有迹象表明,我们的确已经开始认识到了),技术图像就会极大地转变其意义,在这个陷入荒诞的世界里,为通往对话式结构的社会指明道路。

# 第七章 互动

技术图像不是镜子,而是投影,它在伪装的表面上草拟计划,而这些计划旨在成为图像接收者的生活规划。人们按照图像的设置来安排自己的生活,这至少是目前技术图像的运作方式。同时,新的社会结构也会在这种运作中生成,在这种结构中,人们不再根据问题而是根据技术图像来组织自己。这种社会需要新的社会标准与社会学方法,传统社会学始源于对人以及人的需要、欲望、感受和知识的关注,根据人际关系将社会划分成不同的家庭、国家或阶层等。传统社会学的文化对象是一种人和人之间的中介物,而对这些对象(比如桌子、屋子、汽车等)的解释也以人为起点。这种方法或标准已经不再适用于当代社会结构,在当代社会中,处于中心位置的是技术图像,而不是人。因此,划分社会群体的依据是人与技术图像的关系,比如,电影爱好者群体、电视观众群体和电脑用户群体。技术图像中蕴含着对人类需要、愿望、感受和知识的认识。这意味着在未来社会学研究中,人们必将被驱离中心,走向边缘。在一定程度上,这正是社会学需要保护人类自由与尊严的地方。

人与技术图像之间的关系和互动是未来文化批评的核心,我们也将从这一点上把握其他所有的问题。这种互动中最发人深思的,就是其特殊的投射方向。技术形象指向一个人,挤压着他,在哪怕最隐秘的私人空间里找到他。人们不再从私人空间走向公共空间、市场、学校来获取信息。如果有人罔顾无处不在的技术图像而依旧走向公共空间,那是因为新的社会结构还没有完全地确立。市场、学校或与之类似的公共空间都是传统空间，它们会因为不适应当代交流而被抛弃。尽管在现实中，公告、示威和露天表演仍然存在，大巴车也载着去往海滩和滑雪道的旅游团，但这些并不是真正的公共化、政治化的集会，确切地说，它们是一种被编排好的假象。技术图像通过无数渠道（电视频道、图片杂志、电脑终端）嵌入私人生活，它们取代和改变了原本存在于公共空间的信息传播，同时也封锁了公共空间。由此，人们不再从私人场所走向公共空间，这既是由于人们能在家里更好地获得信息，也是因为公共空间已不复存在。

社会中存在一类特殊技术图像——电影，它似乎与强制性的投射方向背道而驰。电影看似是一种投射到公共银幕上的图像，人们必须进入电影院这样的公共空间才能看到这些图像。电影院看起来像一个剧场，一个"影像之屋"。如果这种理解是正确的，我们就可以认为，作为技术图像的电影作出了政治性的"手势"：将人们从私人场所拉到公共空间。如果电影院真的是一个剧场、一种宽敞明亮的空间，那么在理论上，人们可以说电影是一种告诉观众如何洞穿表象、从图像中自我解放的技术图像。而不幸的是，这是一种错误的理解。电影之所以在影院播映，并不是为了唤醒受众政治的和哲学的意识，而是因为它仍旧依托于一种源自19世纪的技术，在此，接收者需要走到发送者那里才能收到信息。这种技术因为不适用于当下社会的一般结构而被改进，当前，电影正在被数字录制技术取代，电影院也在走向消失。目前的一种趋势是在新的传播环境中重建电影院，以此保存政治意识与公共空间，类似的行动正在剧场（至少从布莱希特开始）、音乐厅（至少从凯奇开始）与歌剧院（至少从表演由歌剧院走到大街上开始）中展开。但问题是，当政治意识存在于这种需要被刻意保护的社会空间时，它是否还值得人们去努力拯救呢？

技术图像的渗透力将接收者逼到角落，它会使人们承受压力，诱导他们按下按键，从而让图像在角落里浮现。因此，"人们可以自由地选择不开电视、不订报纸、不拍照片"这种说法，其实是一种乐观的无稽之谈。人们如果要对抗技术图像的渗透力，就要脱离社会。技术图像的确孤立了那些蜷缩在角落的接收者，但它把更严酷的孤立施加在那些远遁于它的少数人身上。

然而,技术图像的接收并不是传播的终点。接收者不是粗放吸收信息的海绵,相反,他们一定会作出反应。在外部层面,他们会根据自己接收到的技术图像采取行动:他们买某种肥皂,去某地度假,为某个政党投票。但是,对于我们正讨论的图像与人的互动而言,关键在于接收者对图像会作出一种内在的反应:他们"哺养"图像。在图像与接收者之间存在一种反馈的回路,它使图像越来越冗余和累赘。图像拥有反馈渠道,这种渠道的运作与信息散播的渠道相反:它将接收者的反应传递给信源,比如市场分析、人口统计和政治选举。这些反馈使图像应势而变,日渐精进,变成接收者所希望的样子。这样一来,图像越来越贴近接收者的希求,而接收者也越来越贴近图像的希求。简言之,这就是人与图像的互动。

让我来举两个这种互动关系的例子:一个是电影,一个是电视节目。人们坐在昏暗的屋子里,盯着闪光的、展现着巨幅图像的银幕,为了坐在那里,他们得站成一行,然后被分配到几何排布的座位上。在此,一个算术意义上的行就成了一个几何结构,被几何式排布之后,人们就安排自己舒适地接收节目(也接受编排)。他们从思考的实体变成一种几何式延展的实体。笛卡尔关于思考主体与延展客体的同化问题在影院里得以印证。当银幕上的形象开始跳动而不是滑动时,接收者就知道放映机出了问题。如果接收者是柏拉图式洞穴中的奴隶,那么他们会欢迎这种情况,因为这意味着他们从"看影子"的囚禁中解脱出来一步。然而,这时,影迷们往往会调头对着放映机大发雷霆,因为他们买了票却被辜负。观众与辜负观众的银幕之间存在着一种共识,那是一种在银幕与观众间的反馈中建立起来的契约。当前的影迷是由此前的电影"哺养"的,而当前的电影则是由以前的影迷"哺养"的,这种相互哺养的关系越是绵延不绝,这种图像与人的共识就越是稳如磐石。

巴西足球队与德国足球队在东京比赛,一个巴西科学家通过家里的电视观看这场比赛。他是那群试图逃离技术图像宇宙的人之一,对他而言,球赛是使人异化的手段,他蔑视它。但是,迫于技术图像的压力,他还是打开了电视并被节目迷住了。为了抑制自己的激情,他开始计算球员影子的长度,推算在夏季巴西的晚上与冬季日本的白天里影子长度的差异。他想要赶走魔法(科学地解释它),打破咒语,但尽管如此,他还是屈服于这些魔咒,因为节目激活了他埋藏已久的性格层面（例如爱国情怀与好胜心）。起初，他以为自己的激情是来自激情洋溢的巴西运动员，但经过一番批评性分析，他发现这些运动员之所以激情洋溢，是因为他们知道，同样激情洋溢的观众正在看着他们。这些运动员的行为并不是作为比赛的功能而是作为图像传播的功能而存在的，他们所做的不是（或不主要是）参与游戏，而是参与电视图像。因此，这些热情是图像与人之间反馈回路的一个侧面：图像越是激动人心，接收者就越亢奋，接收者越是亢奋，图像也就越是激动人心。甚至当人想要抗拒这种图像的魅力时，这种反馈依然运转不息，人与图像之间的这种共识通过反馈而被自动加强，使每个人都成为接收者——无论他最初是否愿意。这种共识构建了技术图像主导的社会核心。

图像和人之间似乎已经建立了一种闭环式的反馈回路：图像展示了一台洗衣机，想让我们买它，我们也想让图像展示那台洗衣机，因为我们想买它；或者说，图像展示了一个政党，想让我们选它，而我们想让图像展示那个政党，因为我们想要选它。但是，实际上这个线路是不能封闭的，因为到那时，图像就会陷入一种熵的衰变之中。这意味着它们会始终是同样的图像，无休无止地重复显现着。为了让情况变得更好（为了给接收者带来新的内容，为了能够以新的方式编排程序），图像必须从接收者以外的其他地方获得反馈。

图像在历史中，在政治、科学与艺术中，也在所谓日常生活的事件中获得哺养，它们不仅从当下取材，也挖掘往事。一张照片可能展现一场政治游行，一场电影可以讲述本周的战事，一个电视节目可能重现 19 世纪的实验室，一盘录像带则可以使文艺复兴时代的建筑跃然于屏幕。这样看来，技术图像似乎是一个窗口，那些蜷缩在角落的接收者可以通过它们观察到外界正发生的事情。同时，这些图像似乎可以永远自动更新，因为外面的世界总是日新月异，图像内容的来源（过去的历史）似乎取之不竭。然而，仔细观察之后，人们却发现技术图像类似于窗口的属性以及过去与未来历史的无尽性，其实都是谬误。

当下之事不会延展到未来，而是走向技术图像；图像并不是窗子，而是历史的障碍物。政治游行的目标不是改变世界，而是被摄入照片，本周战事则以进入胶片为目标（黎巴嫩战争是第一个反映出历史从走向未来的方向中抽身,转而进入图像的重要事件)。这造就了一种新的互动,一种图像与事件之间的反馈,在此,事件与图像相互扶持、彼此哺养。登月成为一种为制作电视节目而展开的行动,登上月球的任务由此载入广播电视公司的日程表;结婚的部分任务是拍照片、举办适合录像的婚礼。对所有事件来说,这种互动关系将变得越来越清晰。但是,我们的历史意识抗拒这种新的历史观念。于是,我们会寻觅个案,证实现实中存在那种不受技术图像影响的互动(比如,阿富汗战争中一些相对缺乏图像记录的事件)。我们难以面对从图像中觉察到的对自由交流的威胁,然而也正是在这样的时刻,我们才意识到,诸如阿富汗自由战士那样真正的历史性行动,多大程度地背离于当前的视界。

在最初阶段,也就是我们当前所处的阶段,事件从未来向图像的转向会使其发展速度加快。当事件被困在图像的下方时,它会越来越疯狂地涌向图像。比如,一个政治事件发生后,总会有更加激进的另一个政治事件接踵而至,科学理论会被代代引入、口口相传,一种艺术风格甚至尚未确立即被取代。当下,一种模型的寿命不是以世纪而是以月来计算的,而且这种进程还在加速。然而,这些模型彼此羁绊、互相倾轧并不是为了改变世界,而是为了永远地(理论上)浮现于图像之中。历史线性的绵延抵触技术图像的环形运转,最终,历史发展成图像——后历史。

这意味着历史的源头开始枯竭,这个源头就是人类的自由,是人们采取行动改善世界的决断。当一个人的行为不再指向世界,反而指向幻觉时,我们前面所说的自由就变得无从谈起。当一个行动的发出者陷入与图像的反馈关系时就会发现,这种关系很像图像与其接收者之间的反馈关系。我们从前面那个足球比赛节目的例子中可以看出,这种互动对接收者来说之所以激动人心,因为运动员们特别激动,而运动员们之所以激动,正是因为观众们接收了信息。历史由此变成了一个剧场。

然而,我们再进一步就会发现,过去的历史也可以被技术图像耗尽。几千年来,我们收集了不计其数的信息,其中大量已经被人类遗忘,虽然被遗忘的信息可能被找回,但数量仍是有限的。与此相对,技术图像有着饕餮巨口。与历史的漫漫长河相比,图像吞食历史的时间虽然短暂,但已经有征兆表明,历史的源头枯竭了。图像正在井底刮擦吮吸,而这口井却被认为是一个无底洞。这样一来,图像呈现的是过去还是现在都没有区别,因为对这些图像来说,历史范畴没有意义,宇宙的历史只不过是一个可能性的领域,它可以被用来制造图像。一旦有了这种图像,无论是黎巴嫩战争还是伯罗奔尼撒战争,万物都存在于当下,成为同一物的永恒轮回。通过这种方式,图像追寻过去,将过去转化为接收者设计的当前程序,由此,往事被裁剪成图像的来源。

我们所说的"历史"是一种通过线性文本来了解情况的方式,文本通过把自己的线性结构投射到特定的状况中,来生产历史。人们把文本强加于一个文化对象,创造文化的历史;把文本强加于自然对象(相对而言,这是近期发生的),创造自然的历史。事物的这种历史性影响着人们的观点,在线性结构里,没有什么东西需要自我重复,相对于整体,每一个元素都占据一个独特的位置。这样一来,人们对世界的历史性解读就将每个元素都变成一个独特的事件,而每个被错失的、塑造历史的机会都一去不返。这种戏剧性思维是历史意识的特征,它迥异于史前的思维。在史前思维中,世间万物(正如图中的万物)都必然重演。在那里,时间在一个圆圈中运转,把一切都带回原处;在那里,人们的意图不是改变世界,而是逃避因干扰世界而受到的惩罚。日耳曼人和罗马人之间的战争就是一个展示历史意识与史前意识碰撞的例子,这场战争是罗马历史而非德国历史的一部分,因为是罗马人而非日耳曼人把它视为单一的、不可重复的事件。

技术图像将历史事件转化为可无限重复的投影。如果条顿堡森林战役发生时有录像,那我们每晚都可以把这场战役改编成新的;如果当时有合成性图像,那么这场战役每晚都能以各种方式被扭转。如果有人想要在今天创造历史(成为一个新的瓦卢斯①),他就必须与视频抗争,但这种抗争是荒谬的,因为这个"新瓦卢斯"清楚,自己只是想象性地行动,视频影像的实际凝想者(即使是他自己)会按照另一套标准来呈现这场行动。与技术图像相应的意识在历史之外运作,故事和文本都只是图像的材料,技术图像能使赫

---

① 瓦卢斯(Varus)是古罗马军事家,他在条顿堡森林战役中因兵败自刎。——译者注

尔曼无法成为切鲁西民族的英雄①。赫尔曼知道力量(神、命运)围绕着自己,而"新赫尔曼"则知道他的英雄事迹会在视频中被重新编排。对于技术图像而言,历史和史前都只是它们汲取材料的名头而已。

在目前,也就是技术图像发展的第一阶段,它们仍然可以通过吸收历史的养分来不断更新自己,但历史即将干涸。这正是因为图像的挖掘汲取:它们像寄生虫一样坐在历史的线索上,把它们重新编码成圆环状。当这些圆环锁闭,图像与人之间的互动就会成为一个封锁的反馈回路。此后,图像就会一直展示相同的东西,人们也总是希望看到相同的东西。一件宽广无边、穷极无聊的斗篷笼罩着社会,社会将屈服于熵,正如我们观察到的那样:它在接收者对感官刺激的狂热中宣告自己的存在——在那里,人们不得不创造一些新图像,因为所有图像早已变得乏味。图像与人之间的互动呈现出熵趋向于死亡的特征。

鉴于当下图像与人类的互动方式以及接收者与行动者的互动方式,我们几乎可以确信,历史将要终结。这种终结不需任何灾难(例如,核灾难)——技术影像本身就是终结。这些图像被编排为"同一物的永恒轮回",它们是为了一个特定的目的而被发明的,即结束线性形态,重新激活魔幻的环状形态,激活永恒轮转的记忆,从而把一切都嵌入现在。末世并非意味着一系列灾难,而是技术图像本身。

目前,图像与人类之间的互动将导致图像接收者失去历史意识,人们可能因为接收图像而失去历史性的行动。同时,眼下这种互动也没有带来新的意识。而要生产新意识,就需要这种互动发生根本性转变,需要中断反馈回路,使图像转变成人与人之间的媒介。我们的任务是打破这个存在于图像与人之间的魅幻的圆环,这种决裂在技术上和现实中都是可能的。尽管人类与图像之间存在共识,但这些图像已经令人感到乏味。在技术图像主导的社会中,核心问题是图像与人之间的交流,正是基于这一点,我们有可能重组这个正在崛起的所谓"信息社会",使它变得人性化。

---

① 赫尔曼(Hermann)是日耳曼部族切鲁西人,他在条顿堡森林战役中大败罗马人,歼灭瓦卢斯军团。——译者注

# 第八章　散播

　　技术图像位于社会中心,但因为它们向四周渗透,所以人们并不会拥挤在它们周围,而是向后退,进入各自的角落。技术图像辐射四周,每条射线的一端都单独坐着一个接收者。就这样,技术图像把社会掰碎,散播到各个角落。每幅/套技术图像(除了上文所述的电影)都被射线的端点,即一种"终端"接收。所以,这种涣散社会所生成的并非不规则的元素堆;相反,角落依照从中心向外围的辐射结构进行分布。这些射线(渠道、媒体)像磁铁吸引铁屑那样构造了社会,技术图像如磁力般不可抗拒的吸引力把社会分散开来。这样的社会是有结构的。通过分析媒体,这种结构就能浮出水面。媒体组成束,从发送者,也就是中心发射。在拉丁语中,"束"对应的词是"fasces"。因此,一个由技术图像统治的社会结构是法西斯式的。这不是出于任何意识形态的原因,而是技术原因。伴随着技术图像的运作,社会走向法西斯化。

　　这种社会结构是在几十年前才开始出现的,它就像潜水艇一样破冰而出,冲碎了以前的社会结构。随着它的突现,家庭、民族、阶级这些捆束着人类互动的社会性群体分崩离析。然而,相比于新社会结构的兴起,社会学家和文化批评家更关心旧社会结构的衰落;相比于冲破冰面的潜水艇,他们更关注支离破碎的冰。这就是为什么他们称其为一个衰落的社会,而不是一个新兴的社会。他们评判着已经逝去的而非新兴的社会结构:在家庭方面,他们批判极端的男性霸权;在民族方面,他们谈论沙文主义；在阶级方面，他们畅聊阶级斗争。他们抨击逝去之物，就像猛踢一匹已死的马。

我们很容易就能理解为什么会出现这种批判的盲点，因为人们的熟悉感使得已经衰朽的社会形态显得神圣，比新的社会形态更引人注目。举例来说，家庭是一个严肃的问题，人们重视构成家庭的人际关系（例如男女之间、父母与子女之间的感情）。当家庭分崩，其包含的价值也随之逝去。因此，对衰落的家庭提出建设性意见（例如，建议采用其他家庭模式，如开放型或合作型）似乎是有道理的。事实上，把家庭从电视或计算机的影响中拯救出来的每一次尝试都是无望且反动的。旧的社会形态如海上漂浮和溶解的冰片。

与家庭相比，人们对如"报纸订阅群体"这种新的社会群体缺乏兴趣。他们没有被神圣化，报纸的发送者与接收者之间的关系也并不具有更崇高的价值。这样看来，那些批判新社会形态的人们似乎误入歧途了——正是这些新的社会形态才需要我们关注，因为它们不仅取代了旧的、神圣的社会形态，而且正在使新的关系与价值变得神圣。如果文化批评的目的是维护和提升人类的自由与尊严，那么它的关注点就必须聚焦在这些新形式上，因为只有及时认识正在形成的法西斯式模式并改变它，我们才有望在技术图像对传统社会结构的颠覆中见证一种人道的社会浮现出来。

当前的文化革命是技术上的而不是意识形态上的。因此，诸如"自由党"和"社会主义者"及"保守党"和"改革派"这些我们承袭的政治范畴不再适用。这可能会让批评者感到困惑，但真正彻底的变革总是技术性的变革。以新石器时代革命这个据我们所知最翻天覆地的变革为例，这场革命萌发于对新农业和畜牧业技术的使用。这些技术瓦解了中石器时代早期形成的社会结构，引领新的家庭、村庄、战争、私有制和奴隶制产生。革命之后，这些新的社会形式被神圣化，被赋予价值。所以，真正的革命者并非新石器时代精神信仰的创始人，而是奶牛和面粉的发明者。如果从过时的意识形态立场来评价这场革命（例如，评判猎人的价值），当代批评家们就会错过要点。第一次工业革命也能证明这一点，它也是技术性的，其革命者是机器的发明者，而且他们创造的社会形式（例如，无产阶级）只有在马克思或列宁这些虔诚的思想家们回顾历史时才显得熠熠生辉。

当今的革命者不是卡扎菲或梅茵霍芙,而是技术图像的发明者,尼埃普斯、卢米埃尔以及无数鲜为人知的计算机技术发明者。正是这些人带来了新的社会形式。因此,如果想要建立一个人道的社会,我们必须了解新技术,而不是更崇高的价值,例如,我们需要探寻是否可能在技术层面修改辐射状图像构成的法西斯式结构。如今,这些关于技术的问题在政治视域里是耐人寻味的。我们要把那些可以在追溯中树立的神圣光辉与崇高价值留给未来新信仰的创造者。那些因循旧方法,思考政治性问题的人或许会认为技术是中立的,但同时,他们正在错过这场文化革命的核心。

从过去的角度来看,通过技术图像解构传统社会群体(例如,通过电视打破家庭或通过卫星解构国界)的行为似乎是一种堕落:社会堕入角落,困在"孤独的大众"中间,人际关系、社会组织也都消融了;那些在电脑前背向而坐的加州年轻人没有社会意识,他们不属于任何家庭,也无法通过国籍或阶级进行区分。从非意识形态的、现象学的角度来看,我们可能会认识到一种新的社会关系组织的表象,也可以摸索出将这些新用户绑定成束、连接到技术图像发送者的那些线。从当下看,我们所面对的不是非社会化的人,尽管看上去形单影只,但在新的意义上,他们实际上是深度社会化的。这种社会化程度之深,使面对这群人的我们有理由为他们是否还保有个性而担忧。这里,散播导致的孤立状态成为"一体化"[1](政治性结盟)的另一张脸孔。

根据当前技术图像的这种环状运行模式,我们的恐惧是正常的。然而,新的社会结构是动态的,这种模式可能会发生改变。在当前,主导社会结构的线是从图像延伸到个人,再从个人返回到图像的。图像与人的这种交流模式,是一种可能生产熵的反馈机制,因为它形成了各自孤立而整体同质的社会核心。但是,也有一些线开始沿着另一种方向运行,即把一个人连接到另一个人。它们纵向穿过那些把人捆绑到图像的射线,跨越水平的、散漫状

---

[1] "一体化"对应的原词是"Gleichschaltung",这是一个纳粹术语,指将整个公共和私人社会的政治与生活整合统一,加以控制的进程。——译者注

的媒介捆束,成为一种新的对话式线路。这种线路(比如电缆、可视电话或视频会议)可以把新社会中的法西斯式结构破解开,使它转化为一种我们所谓"民主"的网状形态。如果这个网状结构切实形成,图像也能依照这样一种模式运行,人们便不会再谈论孤立和政治协商了。因为未来的人们将真正生活在一种对话、一种全球性交流之中。

对话式线路是否可以构建、如何构建,这是技术问题,但真正的变革会将技术问题转化为政治问题。这意味着我们会通过重建图像的反馈回路引导新社会的力量向更高价值的方向发展,将人口的散漫分布转换为一种服务于人类自由和尊严的力量。当然,这个任务存在一个前提,即我们对技术图像反馈回路的重建本身也是对话地展开的。因为当对话式线路的发出者(比如政府或商业机构)把它们引入,尽管这种线路具有对话性,但在那时,它仍然保持着为发出者服务的状态。这样一来,这种网络就仍保留着法西斯式的、捆绑的结构。如果我们要把技术问题变成政治问题,就必须从技术人员手中把问题拿开。目前,技术问题已经变得过分沉重,很难把它们托付给技术人员。换句话说,我们把当前技术图像的回路重构成一种对话式、民主式结构的想法,是存在于一种假设之上的,即人们已经达成共识,他们对这种社会心向往之。

然而,假设是无法使人达成共识的,现实恰恰相反。目前,一方面,图像与捆绑的线束达成了共识;另一方面,图像与接收者也达成了共识。人们希望被这些图像分散,因为这样的话,他们就不必去规制和整合自我。但是,在对话式结构下,人们就需要这么做,而他们并不乐意为之。当社会被人际关系结构时,存在"群体之外"和"群体之内"、外在性公共空间(比如家庭之外)与内在性私人空间的区分,人们在公共空间表达自己,在私人空间整合自己。黑格尔把这称为"苦恼意识":当我走向世界,我会在世界中失去自我,而当我走向自己、整合自我时,我又失去了世界。当前的我们不再有这种"苦恼意识",因为在涣散的社会里,既没有内部,也没有外部。苦恼意识进入休眠,人们可以随心所欲地向外界延伸。然而,对话则是危险的,因为它可能会把苦恼意识唤醒。所以,图像与人之间共识的基础,在于人们对自我整合的排斥以及图像使人散漫分布的意图。

然而,"苦恼意识"是意识的唯一形式,快乐并不是意识。人们都想放飞自我、抛弃意识、笑口常开。现今社会之所以涣散,是因为人人都追求快乐:我们走在通往快乐社会的康庄大道上,香格里拉转角即是。每个人都像一张嘴巴,从图像中吸取东西,同时也像肛门,把所吸收东西中未消化的部分还给图像。精神分析将这种快乐描述为"口腔-肛门期",文化分析称之为"大众文化"。它是幼儿园水平的快乐,智力上、道德上、美学上皆是如此。目前社会的分散形态可以看作我们迈向这种快乐末日的脚步。

现今的革命者是要在这种令人意乱魂迷的话语中编织线路的人,他们拒绝接受这种快乐的共识,认为享受图像造就的盲目快乐是低劣的。所以,他们说着令人不快的话,想要唤醒日渐淡薄的意识。也就是说,革命者们正在为之奋斗的东西,只有他们自己想要,他们采取行动来对抗图像与人达成的普遍共识。他们知道,倘若无人追随,革命就无所收获;他们也知道,建构对话式线路在技术上并不困难,就像电缆、视频电话或视频电路并不是什么难题一样。然而,但凡没有政治性意愿使用它们来重建社会,那么这种线路就只会是无意义的工具,比如当前斯特拉斯堡 Minitel 网上的色情聊天。所以,当今的革命者知道,他们首先要构建共识,他们的行动不是为了反抗图像,而是反抗当前图像与人之间信息流通的共识。

这种行动并不起眼,因为对这种行动而言,引人注目(映入图像)意味着自我毁灭,那时其只能使得人们更加分散。今天,例如切·格瓦拉、霍梅尼这些振臂高呼、拉响警报的人,还有那些被我们视为革命者的人,其实都是娱乐人士。他们是引人注目的,他们所呈现的景象也帮助图像越来越有效地分散我们;相反,真正的革命者并没有出现在图像中,但这并不一定意味着他们无法影响这个涣散的社会。的确,从图像中,我们看不到他们,但透过图像却可以看到。虽然革命者没有在图像中出现,但他们在图像自我展示的方式中显现。革命者可以操纵图像,人们从中开始看到一丝可能,即利用这些图像来建立以前难以想象的人际关系。这些图像可以用于对话、交换信息和制作新的信息,因为散射的图像开始让人意趣索然,而通过图像与他人展开的对话游戏,则可能是有趣和激动人心的。人们可以想象,革命者最终成功地打破图像与人之间的反馈回路,创建一个新的对

45

话式的共识。

当代的革命者不是反对图像本身，而是反对集中式结构，他们积极推动对话式的、重新连结的图像。当代的革命者是凝想者（摄影师、导演、视频制作者、计算机程序员），他们通过技术图像从革命的土壤中成长起来，他们设想着另一种社会。在这个社会里，人们通过图像交换信息，也由此不断地产生新信息，生产出信息丰富的情况。只有通过这种新的凝想力量，才有可能想到这样一种社会形态。革命者不仅要改变所谓"信息社会"的底层结构，而且要改变它的表层结构。

当前的社会结构反映了那些处于辐射结构中的图像与人的同步性，这些人是分散的、孤独的、去人格的，他们位于射线的终端。这种革命性的凝想的力量试图用另一种结构来取代这种结构。通过这种方式，图像会引出新的人际关系，带来新的社会结构，不过这种结构的名称目前还不明确。可知的是，这种社会结构仍然以技术图像为标识。事实上，相比于我们目前的文化，它更应该被称为"图像文化"。这个社会的中心是人与人之间通过图像展开的交流，而不是人与图像之间的交流。只有到那时，媒体才能名副其实地把人与人连接起来，就像神经脉络把神经细胞连接在一起那样。基于这样的联系，社会将不断产生新的信息，而对其最恰当的称呼就是"全球大脑"。在这个社会中，生成、传递和存储信息的是独一无二的人类，所以这将是一个人道的社会，它是革命者们的目标。

这种社会与当今这种由散漫的图像所控制的社会截然不同，但它也不会试图恢复任何过去的社会结构，因为当前这种分散结构是无法逆转的，它需要的是一种全新的组合方式。现在这个时候，就是我们曾经熟悉的、被神圣化的组织将要分崩离析的时候，它们是有害的、基于意识形态的、制造痛苦的群体。现在，它们即将完全解体，而新的群体就要形成，这些群体将被"赋予信息"。当前的任务是重新整合这个已经分裂为极小碎片的社会，这种表述意在表明，当代革命者是多么坚定地扎根于无维的宇宙，扎根于幻觉之域与图像生产的抽象之中。

技术图像必须首先摧毁旧的社会结构，然后再构建一个新社会。今天，我们看到的不是堕落，而是一种新的社会形式的浮现。我们的确看到了这一点。人与图像之间的关系正在退化为一种熵，一种致命的乏味正在袭来；一种新力量也正在这种关系中产生，它帮助建构一种反对大众文化、支持人道的图像文化的新共识。我们带着一点乐观精神，相信这种新的社会结构可以成为新文化兴起的过渡。

# 第九章 指示

当前,技术图像是连在一起的,它们的发送者也因此处于社会的中心。图像从那里被散播出去,使社会变得零落分散。这个中心是个不稳定的地方,当你无论是为了参与(参与传播)还是为了批评(改造路线)而走近它,它都会把自己展示为一种幻象。它就像一个寓言化的洋葱:当被一层一层剥开,当一切都被理解和阐释之后,留下的只有空无。似乎没有人,也没有什么东西位于当代社会的中心:发送者只是那些无维的点,媒介的线束从那里发出。

对于文化批评来说,这是一个令人不快的发现,因为当批评文化并试图改变它的时候,人们想做的是与一些实实在在的东西斗争(例如,幕后黑手或那些可被揭露的、邪恶的权威力量)。然而,当人们揭露当代社会的时候,会意识到没有什么东西或人可以对抗,与其说人们斜倒在"风车"上,不如说他们席卷了卡夫卡的城堡。因为重要的不是和谁作战,而是如何战斗;不是人和物,而是内容;不是图像和它们背后的人类的意趣,而是信息的线路。许多文化批评者屈从于这些新要求,继续在发送者中寻找操纵者和权力的经纪人,这种现象并不奇怪。

他们沉浸在对发送者的关注中,那里是松软平整的地方,软件分布在那里。在那里,这样的沉浸是可以被理解的。他们发现,面前的装置与功能执行者越来越多、越来越小、越来越自动化和高效:缓缓按下按钮,声音就越来越低。批评家们已经确信,每当按下一个按钮,就会有一个命令传送到某个媒介物上,发送出一个图像。这给人的印象是发送者已经进入当代的决断中心,而且这是一种双重意义上的"决断"。首先,发送者似乎吸引越来越多的人加入,并使他们成为功能执行者,以此来征服社会;其次,发送者似乎用他们的按钮来控制社会,决定发生什么、将要发生什么。但是,这种印象是错误的,因为在当前情况下,我们需要重新思考"决断"这个概念。这在后面的章节中会提到。

的确,越来越多的人在为发送者与装置服务,在传统意义上,人们可以把自身改变周围环境的手势移交给普遍而高效的自动化装置。因此,在可预见的将来,所有人都不再工作,失业在家(即使现在很多人也是这样),我们都将"自由"地按下按键,操作机器,使其工作,从而完全沉浸在发送者的服务(所谓的"第三产业")中。

但正如许多文化批评家设想的那样,这并不意味着我们有了一个替代农民、无产阶级和中产阶级的新阶层,即功能执行者,我们还要继续使用与以前大致相同的分类,因为功能执行者不是一个社会阶层。阶层的特征是具有阶层意识,那是一种以工作经验、工作知识和工作价值为基础的意识形态。阶层是一种生活方式,但成为功能执行者并不是一种生活方式,所以没有属于功能执行者的意识形态与阶级意识。因为装置功能运转占用的时间是不断减少的,而功能执行者的经验、知识和价值并不是来自这一小段时间,而是他们闲暇时看到的图像。在当前社会,关键之处并不在于我们正在成为发送者的功能执行者,而是我们正在成为接收者。我们的生活方式与意识形态并不是作为功能执行者的,而是作为接收者的。发送者之所以能控制我们,并非因为我们为他们服务,而是恰恰因为他们为我们服务。

同样可以确定的是,人们每次按压按键都会向媒介发出命令,这个命令通过媒介发送给社会。但是,我们不能将这一过程视为一种决断的手势。按压按钮的功能执行者(打字员、摄影师、银行主管、将军、美国总统,简而言之,就是作决断的人)确实会在他们可用的按键中进行选择,但对他们来说,这种选择是规定好的。这种规定不是由任何人或物完成的,而是由传播程序的自给结构自动完成的。例如,美国总统依照程序按下一个按键,作为这个程序编排的结果,视频在他的终端机上播放了出来;图像显示苏联的导弹正在阿拉斯加上空,他根据程序按下另一个按键,同样作为程序编排的结果,城市倾倒、灰飞烟灭。

当然,并不是所有按键都能引发这样重大的后果,所以它们可以被分级排列。在这种等级制度下,美国总统排在银行主管之前,因为总统的按键可以把城市化为灰烬,而银行主管的按键只会让行业陷入竞争。银行主管排在电视操作者前面,因为后者按下按键,只能在终端机上调出图像。然而,这种等级体系是无法维系的,因为总统按下那个毁灭城市的按键,是基于视频操作者按下了按键。如果总统是因为苏联的总书记按了按键,所以他才按下按键,那么从总统的角度来看,总书记的动作就触发了视频操作者的动作。因此,无论他们的地位有多高,将功能执行者视为权力经纪人与决策者,或者怀疑他们背后有地位更高的、更隐蔽的决策中心,这种想法是错误的。因为一切都是自动发生的,站在发送者的角度上看,我们并没有可以拥抱或者对抗的掌权人物。

然而,当被问及相关问题时(甚至没有被问及时),功能执行者自己往往会歪曲情况。例如,不久前,法国总统在电视上表示,"突击行动队"只是一个完全由他控制的闲置工具。如果这种幻觉并非基于对当下局势的错误认识,那么,总统这种成为路易十四的幻想的确令人动容。我们倾向于信任功能执行者,然而当他们声称自己控制了装置时,难道他们不应该明白自己在说些什么吗?遗憾的是,他们确实不明白,他们自身被装置流畅而自动运转的流水线挟制着,对此视而不见。这就是为什么如果我们想要研究这个问题,必须询问那些学识宽广、对装置的组成有总体性认识的人。上面这个观察说明,不管法国总统是密特朗、吉斯卡尔还是杜邦,他都会在装置程序规定的时刻按下那个红色按钮。

社会的中心、发送者都是一种虚空的存在,而装置和功能执行者会根据指示进行考量和计算。承认这一令人尴尬但不可避免的事实迫使我们探寻两个问题:事情究竟是如何发展到这一步的?我们还能做些什么呢?这两个问题在前几章中已经显现,现在将被明确地讨论。

大约在19世纪中期,以线性方式组织世界、构造思维的指导性原则开始瓦解,如何重新整合分散的粒子系统就成为一个新的问题。这个问题早在 17 世纪就已经在数学领域得到了令人部分满意的回答,牛顿和莱布尼茨发明了微积分,其后,这种方法一方面应用于物理宇宙,另一方面应用于逻辑。为了把这种方法付诸实践,人们生产出一些装置:首先,这些装置的目的是整合世界上的粒子元素,照相机是第一个这样的装置;其次,那些试图整合思想中粒子元素的装置推动了计算机的产生。与早期的机器相比,这类装置不是在一个过程性的连续体中运行,而是在一个德谟克利特式的粒子宇宙中运行,而它们必须要掌握这个宇宙。

这种机器一经投产,就导致了一种革命性的发现,即原子间的自发结合。最终,所有的这种结合都自发进行。这是一种颠覆性的发现,因为它引出了自动化。然而,如果根据这一发现来解读德谟克利特,人们就会惊讶地发现,他其实已经阐述了自动化的基本思想。他的概念"克里纳门"(粒子从其规定路径上的偶然性偏离)可以作为机械自动化的一种预告。在这一点上,人们发现自己显然没有必要捕捉粒子,因为它们会自动这样做。人们真正需要满足的是另外两个条件。首先,一个人必须知道自己想要生产哪种原子组合。诚然,所有的组合在原则上都是可预见的,但有些组合形成的可能性比其他组合更大,我们需要的是那些可能性低的组合(信息量丰富的组合)。在经过天文意义上漫长的时间之后,这些组合才会在盲目的概率尝试中偶然出现。其次,人们必须加快纯粹概率游戏的速度,以确保在人类时间的范围内获得所需组合。于是,自动化就出现了:为了建造一种加快偶然事件发生速度的装置,并规定(编排)这种装置,使它在人们期望的偶然事件发生后停止运转。

仔细观察就会发现,自动化具有巨大的革命性,因为从现在起,人类的自由将不在于依照自己的心意来塑造世界(装置能做得更好),而在于指示(编排)装置达到自己期望的状态,并能使它在达到这种状态后戛然而止(控制)。这里出现了一种新的自由,即选择哪种装置为我们服务的自由。但不幸的是,与之相反的事情很快就发生了,那些自动产生的偶然事件及其后果数量庞大,超过了人类的可控范围。这样一来,人们无法在自己所需的偶然事件发生后立即遏止装置。装置的程序独立于人类的意图,变得具有自治性,直到所有的偶然都发生,包括那些人类最初要极力避免的偶然。不仅是在军事的装置中,在政治的、工业的、文化和行政的装置中,这种程序自治化的例子都不胜枚举。人类生产装置的初衷是为自由服务,但这些装置开启了自我。当然,就目前而言,大多数装置的自动化程度还没能使其在无人干预的情况下自行运转,它们还是需要功能执行者。但是这样一来,"人类"和"装置"的原始角色就颠倒了——人类成了装置的功能。人给装置发出指令,但这个指令实际上是装置指示人发出的指令。这样一来,程序与软件的洪流倾泻而下。其间,人们不再追求任何特定的意图,而是作为一个原初程序的功能来发布指示,随后,这些程序变得越来越复杂和狡黠。它们需要更快、更小、更便捷的装置和更契合的硬件,于是一代一代的装置被生产了出来。随着装置的代代更替,人类的意图一步步退回到过去——我们的意图仅仅推动了第一代装置的产生。

在目前这一代装置中,人类的初衷还没有完全消失,证据在于给定的程序尚不能在所有装置上运行。程序的这种多样性是人类初衷最后的回声,例如美国和苏联,这两个巨大的装置似乎在我们头顶上展开争斗,它们之间的区别可以追溯到人类最初的意图。然而,多神论的观点(比如宙斯与冥王争斗时,尽管我们已经投降,但还是要在两者中作出抉择)在这里是不适用的。事实上,人类最初就为这两个装置都编写了程序,但它们在很大程度上已经自治,它们既不是神也不是超人,而只是次人类,是一种偏执的自动机。它们翻动着高速切换的各种情况,盲目地运转着。在偶然条件下,它们可以毁灭对方(也毁灭它们滋养的人性),而这只是其程序中可能存在的偶然之一。另一个偶然事件发生的可能性更大:两个装置在各自运转时产生互动,它们相互作用、随机运作直至它们的程序完全同步,形成装置式的全球极权主义。在这两种可能性之间还存在另一种可能的情况,即在理论层面可计算的、可预见的情况。

对这两个(以及所有)程序而言,完全同步是最有可能发生的事,其证据俯拾皆是。大众文化在世界范围内拥有统一形式,我们从中可以看到,所有的程序都正在走向全球性的统一与协调。我们可能会从各地的装置中发现它们之间的差异,但在美国、俄罗斯、巴西或菲律宾,服装、舞蹈、音乐,尤其是图像,看起来几乎没有什么不同。

目前,个体发送者彼此之间还没有互相标准化,他们仍然可以发射线束,与其他的线束部分交叉。功能执行者处于发射点的周围,他们按下装置(尤其是那些计算图像的装置)的按键,这些图像为所有功能执行者的行为、感知和经验提供了模板。功能执行者指导图像如何去指示接收者;装置指导功能执行者如何去指示图像;其他的装置则指导这些装置如何去指示功能执行者。在这个看似自我混沌化的指示等级中,我们能看到一种通向全球元程序的普遍熵的趋势,而这一切的背后,存在的只有那种不可抗拒的自主权。

这种不可抗拒的自主权及向熵的趋势预示着我们的未来:全球极权主义的装置。然而,人的本性是反熵,这就是为什么由人类首先提出制造装置、制造可能性低的情况。他们失去了对这个装置的控制,而现在,这些装置自动产生那些可能性高的情况。所以,我们面对的问题是,人类能否重新获得控制权,从而颠覆这种低信息量的信息生产,颠覆极权主义的装置?正如本章尝试说明的那样,作为独立的个体,作为分散而孤立的功能执行者与接收者,人们的确失去了对装置的控制。这些装置的能力,包括它们的计算速度、存储容量与记忆能力都超过了人脑,但在另一方面,作为一个集体性的大脑,整个社会的能力很可能仍然比所有的装置能力之和更大。

事实上,装置是飞速运转的白痴,它们虽从不遗忘,但仍然无知。因此,虽然个体的接收者与功能执行者不能控制装置,但整个社会却可以。这就是那些"默默无闻的新革命者们"所追求的方向。

作为一个整体,社会应该通过对装置整体的编程,使其能够自动产生那些可能性低的情况,并在必要时刻停止运作。为了实现这一点,社会需要通过重构内容发送的线路,来控制装置的运作与接收,而不是反复重构传播的内容。通过远程通信技术①,我们可以在技术上使这种重建成为可能,它将服务于围绕装置的全球性对话。远程通信技术允许在装置的编程方面形成一种广泛的全球性共识,在技术上,装置可以俯首屈身,为社会服务,也可以被用来发挥民主的作用。但是,对发送线路的重构不仅是一个技术问题,也

---

① 远程通信技术(Telematik),即利用无线通信方式远距离发送数字信息的技术。——译者注

是一个政治问题。首先,我们必须达成一项改造发送者的约定,使其可以服务于未来的共识。这种共识会推动产生另一种共识,它是今天的凝想者,即所有的摄影师、导演、视频制作者、计算机操作者想努力达成的。通过重构图像的社会角色,他们会带来一种对传播内容的普遍性重构,随后,我们得以规避全球极权主义的装置,指令也将以对话的方式指向装置。换句话说,这不是被编程的民主,而是民主的编程,这种重构需要迅速实现,否则,装置的整体能力将超过社会的整体能力。

# 第十章 讨论

能够重新整合当前技术图像散漫的线路,使其成为对话式线路的技术,被称为远程通信技术,它是电子通信与信息科学结合的产物。这个名词是新的,而它的内在原理却像诞生于 19 世纪上半叶的粒子计算技术一样历史悠久。不过,这个名词的新颖性对于理解当下情况至关重要。它表明,我们是在最近才认识到考量与计算的原理,也是在最近,才发现这种原理既被运用在通过粒子元素的辐射流而产生的传播(电子通信)中,也被运用在对作为新信息的粒子元素的抓取(技术图像的生产)上。只有承认这一点,我们才能真正认识到技术图像的固有特性,只是在最近数年里,我们才清醒地体验着技术图像的革命。

回想起来,这种迟到的清醒实在令人讶异,而同样令人讶异的是,第一批装置的发明者(也就是摄影和电报装置的发明者)并没有认识到这两种装置实际上是根据同一原理建造出来的,它们可以彼此联结。实际上,摄影和电报都依赖于对粒子元素的编排:照相机用二维图形码,电报则用线性摩尔斯电码。因此,两者都颠覆了时间维度中空间演变的相关历史范畴,改写了群体的社会结构在空间与时间上的分离状态。摄影和电报都构建了一种新的社会结构,在这种结构中,世界各地、每个个体都身处同一时间。照片把一切储存在一种永不磨灭、无限复制且对所有人敞开大门的存储器中,使得万事万物延伸至今,始终在场。因为有了电报,人们在任何地方都能马上获取信息,但在当时,没有人想到照片也可以用电报发送。

当然,我们可以解释这种最初的疏忽。人们可能会说,照片是粗糙的、化学性的,与电报精细的电磁结构并不适配;照片得先变成电磁性的才能用电报传送。但是,这种基于技术的解释是不充分的。造成这种疏忽最可能的原因在于,我们最初把电报视为一种新的写作方式,它因此看起来不像照片那样,是由粒子构成的。这种误解催生了两种不同的发展方向:源于电报的电话以及其他对话式的电子通信工具和由照片发展而来的电影以及其他技术图像。现在我们知道,这两种衍生物从根本上显然是一样的。同时,技术图像本质上适用于电子通信的传输形式,因此它本身是对话式的。

图像和电信融合的历史实在过于短暂,以至于我们都将其视为一种技术现象,而不是文化现象。这就是为什么我们感觉似乎只有技术人员才会谈论激光、电缆、卫星、数字传输和计算机语言这些东西。然而,这种壁垒是暂时的,装置将变得越来越轻松便利。在可预见的未来,孩子们可以在不知道什么是摄影技术的情况下拍照,就像他们可以和任何孩子无拘无束地玩耍(对话)那样。简而言之,技术图像的接收、合成与传输将变成一个按压按键的编程手势。因此,“只有掌握先进的技术知识才能把图像和电信相互结合”这种想法,是一种根本性的误解。相反,我会把所有先进的技术知识排除在外,以便认识远程通信技术对文化和人类存在方式的影响。

我们观察目前制造出的那些远程通信器具(例如最近在巴黎电子设备展上展出的那些),就能清楚地认识到这一点。在那里,我们能看到人们在电脑上合成图像,把它们存储在存储器里,然后在对话中传递它们,但一系列行为的结果是一种程序排列游戏,一种空洞的聊天。因为这是一种智力、政治和审美的水平都停留在托儿所层次的消遣方式:人们根据发送者规定的程序按着对话的按键。在展览组织者(即发送者)眼中,展览的目的是给人们介绍远程通信技术,展览本来就是一所传授远程通信技术的小学,它的确可能是初级化的。然而实际上,从这个例子以及今天几乎所有远程通信器具的例子中都可以发现,这就是发送者使技术图像的对话功能从属于自己设置的命令话语的方式,他们使得整个对话网络都支持这种散漫式捆绑的传输。这种策略是自动生成的,发送者以这种方式操作,使对话式的线路“自发地”凝聚和加固这种散漫状的捆束。

　　因此,我们很难认识到远程通信技术的革命潜力,因为它的力量被这些散漫状的捆束撕裂了。从目前的远程通信器具来看,我们不能马上弄清楚其内部潜藏着怎样的东西,比如,每天被送到门口的报纸是散漫式的,它可以被视频磁盘取代,在磁盘中我们可以能动地作出回应。或者,我们可以用图像的形式交流经验、思想和感受,而不选择写信。我们在家就可以购物,完成类似于票选这种政治事务,而不用走到城里去。简言之,我们可能很难马上意识到,即使是以目前的形式,远程通信已经在技术层面使很多东西显得多余,比如报纸、书籍、信件、企业、办公室、工厂、剧院、电影院、音乐厅和展览,还有邮政、广播电视或者货币。换句话说,我们一时尚未发现,即使以现在这种有待发展的形式,远程通信技术也已经具有颠覆所有散漫式与对话式社会结构的潜能。

　　我们从未像现在这样无力预知眼前的未来。每一次革命都有葬身劫难、失去光明的牺牲者,例如法国大革命中的贵族或纳粹统治下的犹太人。但是,远程通信的革命影响着整个世界,而不是其中一部分,即使是启动这场革命的人也看不到它的走向。我们对近在咫尺的未来紧闭双眼,这并不是因为害怕,而是因为我们无法直面这种图像的胜利——它们一部分由现在的我们亲手生产,却如洪水般淹没了我们。这种胜利并没有带来惊恐,反之,它唤醒了空虚的感觉。显然,我们会为工作、政治、艺术(简言之,就是传统意义上的历史)的终结而感到高兴,为逃离那些束缚我们的东西感到高兴。但是,剩下的会是什么? 在未来,世人皆通,我们能与遥不可及的人们下棋,与远隔重洋的朋友在电子化的圆桌旁共度良宵。只是,当我们拥有相同的、被统一编排的信息时,当我们面对着同一个中央存储器时,我们会和彼此谈论什么呢? 我们是如此的平庸,以至于当利益似乎发生冲突时,我们也会考虑,这种冲突是否也是中央存储器灌输给我们的呢? 就连我们在论争时,也都是说些空话(例如议会辩论或雇主与工会之间所谓的"谈判",这些伪对话)。于是,在这些远程通信技术构架的对话式线路上将没有任何对话,只有泛泛空谈。它们越是使我们聚集,就越会把我们割裂成孤岛,使我们静默相向、无话可说。它们会剪断爱与友谊、恨与敌意这些人类之间的纽带,将他们推入泛泛空谈之中。虽然这些通信线路看似是对话式的,但实际上，它们使所有的对话变得冗赘、多余——人们由此陷入空虚。

通过远程通信的革命，人们有可能开展真正的、空前丰富的对话。在我试图证明无视远程通信的革命是一种荒谬做法之前，我要讨论一下讲述与对话之间的关系。

从信息传播的角度看，讲述与对话之间的合作会赋予每一种社会结构各自的标签。这样看来，社会是一个网络，其功能在于产生和传输信息，把它储存起来。"讲述"是信息传递的方式，而"对话"则是信息生产的方式。本章内容是关于图像的对话式运用的，至于其对话式生产，我将在下面的章节中谈论。

依据这种以传播逻辑划定的标准，社会可以被分为三种类型。第一种是理想社会，在此，讲述和对话是平衡的，对话为讲述提供资源，讲述则引导着对话的发生。第二种类型是对话式社会，启蒙运动就是一个例子。这种社会中有很多对话的族群，它们日复一日地生产信息——科学的、政治的或艺术的信息。但是，由于这些精英族群难以传递信息，社会有可能分裂成两块，即拥有信息的精英人士与没有信息的大众。第三种类型是讲述式社会，中世纪后期就是一个例子。那时，教会的专制讲述控制一切，它们的话语从中央发出，辐射整个社会，因为对话缺失，信息的源头几近干涸，社会趋近于熵。

通过这种思维模型我们可以发现，当今时代具有中世纪-基督教式的特征。中心专制的、辐射型的话语同样支配着我们，社会同样受到熵的威胁。从技术上讲，当前的远程通信式对话可能会成为中世纪式讲述的变种，因为它们都围绕辐射型的程序运转。虽然它们也能生产新信息，但是目前，我们像对待噪音那样对此视而不见。在中世纪，它们更被视为离经叛道的歪理邪说，在人们的憎恶中失去力量。通过当下时代与中世纪的比较，我们能够认识到两者之间的差异。其中最关键的差异在于，中世纪的话语是权威生产的，当今的话语是自动产生的。教会不是一种装置，教会拥有创始者——耶稣和当权者——牧师。中世纪的对话是牧师之间的权威性讨论，而在今天，装置会自动编排要讲述的内容，创始者与当权者在此缺席。当下，远程通信的对话既没有权威，也没有使命。在中世纪，关于"共相"的争论这类对话可能会生产出不受欢迎的信息。这些信息会受到权威的诅咒与谴责,而尽管被压抑着,它们仍在深处蛰伏,暗自涌动。不同的是,在今天,那些在寻常讨论中产生的不受欢迎的信息被自动移出对话网络,反馈给发送者,就像市场调查那样。然后,这些信息被吸收,进而掩盖发送者大众化与媚俗的趋势。与中世纪不同,今天的讲述自动地趋近熵。正是在这种不断更改的意义上,我们变得越来越基督化(catholic = kata holon = "给所有人"),除非人们能够唤醒远程通信技术中沉睡的对话性,用它去对抗而非支持讲述式的社会结构。当然,这就是我们接下来要讨论的。

实际上,当下诸如录像、视频游戏、光盘以及磁带等所有的远程通信器具都与它们的编排者沆瀣一气。我们从它们那感到空虚,这再正常不过。它们之所会这样运作,并不是其技术结构导致的,而是它们的用户被安排好,只能这样去使用它们;相反,在技术上,它们是为一种真正的对话功能而构建的。器具的使用者在程序编排下进行自我分散,而这种分散成为图像与人之间的约定。因此,人们使用远程通信器具使自身涣散开来。这种使用方式与器具固有的技术性构建是相悖的,但也正是因为被如此使用,它们才仅仅作为一种器具。如果这些远程通信资源的潜力清晰起来,它们会成为抵抗散漫状社会的强大工具。但是,当前的契约普遍服务于散播,而整合则处于不利地位,所以这种转变尚未发生。前面提到的那些"默默无闻的革命者"试图向人们证明,即使在当前这种散漫的状态下,远程通信资源也可以支持一般性讨论。他们确信基于其本身的组织方式,远程通信设备能够打破目前的共识,建立一个新的、对话式的共识。

如果要使用远程通信技术进行交谈,而不是被它弄得涣散,那么,我们就要迅速改变技术图像的特征。在很短的时间里,它们要变成一种作为信息生产场所的表面,一条将人们引入对话的道路。它们要发挥线性文本曾在不同通信者之间发挥的中介作用:它们要成为"字母"。同时,图像能携带比文本多得多的信息,因为它的表面由无数的线组成,而写字的艺术却几乎被人遗失了。那些可以在远程通信中使用的图像会产生一种难以预想的艺术,一种比线性、历史性的对话远远丰富的图像性对话。

这种以图像展开对话的社会将是一个艺术家的社会。在图像中,人们以对话的方式凝想那些见所未见、无从预知的事情；这也将是一个游戏者的社会，人们不断通过与对手的对抗生产新的关系；这会是一个"游戏的人"①的社会，不可思议的可能性向人们敞开大门。但还不止这些，由于创造性的游戏与对抗，一种新的共识会出现。基于新的共识，社会可以通过图像来编排装置。那时，装置会广泛服务于人的意图，而这意味着人们从工作中解放出来，通过持续生产新的信息，探索新的可能，人们自由地与他人游戏。我认为，这就是那些"默默无闻的革命者们"为之奋斗的乌托邦。

在这段偏题的论述之后，我们再看看隐藏在远程通信工具中的可能性，看看这些器具的傻瓜式操作，就会发现，多数文化批评家实际上误入歧途了。他们试图批评那个辐射性的中心，试图改变它、去除它。实际上，革命不应该始于这个中心，而应该始于这些傻瓜式的远程通信器具。它们必须要改变，变得与其技术相匹配。如果这种改变完成了，那个中心就会不攻自破。因此，批评所要关注的不再是历史，而是控制论。

在上一章结尾我说过，技术图像必须走向变革，使其服务于一种对话的功能，而且这种变革必须尽快，否则就为时已晚。远程通信设备的诞生表明这种变革已近在眼前，甚至即刻发生，但这些设备的傻瓜式操作则表明我们已经错过了最后期限。因为现在，我们正通过远程通信器具在全球范围内喋喋不休地说着连篇废话，把平庸乏味的技术图像堆积成山。这使孤立、涣散、按着按键的人类之间有了更难以逾越的沟渠。很快，我们彼此之间就无话可说了。因此，现在正是讨论这个问题的时候。

---

① "游戏的人"即"卢登斯人"（Homo Ludens），这一概念出自荷兰学者约翰·赫伊津哈（Johan Huizinga）1938 年的著作《游戏的人》。——译者注

# 第十一章　游戏

关于对话式社会,我们要讨论的核心问题是其信息生产,这在以前被称为"创造力"。我们如何获取那些难以预知、始料未及的信息呢? 这些信息似乎于凭空中恍然出现,如同奇迹一般。我们因此有了"无中造有"这样的概念,我们信仰造物主,崇拜那些有创造力的人们,尤其是艺术家。信息生产的焦点问题在于,它需要从这种神话语境中脱离出来,去掌握远程通信社会作为一种真正信息社会革命的可能。

在信息生产的问题上,神话性思维似乎一直笼罩着我们,环顾周围世界,我们会有种被奇迹环绕、如临梦境的感觉。让人仰之弥高、钻之弥坚的玄妙星系是如何产生的? 从原生动物到人脑,对有机体结构的研究越是深入,我们就越是惊讶于无数元素纯粹而不可思议的复杂性。我们对人脑的了解才刚刚开始,而其在众多相关层面上都是极为复杂的器官,我们甚至不能贸然解释它,更不敢妄谈模仿它。那么,提到人脑,我们能说些什么呢? 在神奇的世界里,这些奇迹巧妙地组合在一起。起初,人们不得不将它们归功于造物主,尽管人们自己也承认,世上存在痛苦、死亡这些难以面对的东西,然而,我们是谁,怎么能质疑造物主的计划呢?

所有发生可能性极低、完全不可思议的情况(如银河系、原生动物和人脑),所有这些信息的产生必然包含某种我们看不到的目的。它们与整个世界的构造相契合。然而人们能否质询,另一种世界是不是也已经在偶然间诞生了呢? 这个无礼的问题使我们的立场从敬畏世界变成与之对峙。假设这个世界曾发生丝毫不同，例如，地球上没有铝，有的是另外一种类似的地壳元素，那么地球上的有机体无疑会面目全非，以至于称它们为"生命"都毫无意义。这里我们显然不是在讨论人类或人脑，然而长远来看，在所有其余条件都相当的情况下，像原生动物和人脑一样复杂的事物必将出现。

在这种去神话的分析之后，世界就不再是由奇迹构造的，而是由大量（但不是无限）偶然事件组成的。由此，高高在上的造物主不再是某种必定或未必的假设，而是被世界斥为一种关于偶然性的游戏。那些出人意料的情况和世界上的信息，似乎都是随机生成而非故意制造的。因此，人类的大脑不再作为创世计划的一部分诞生，而是源于一种偶然的生物进化。同时，这种进化本身也是偶然的，它仅仅是地球上某种偶然发生的化学过程的结果。这种去神话的思考发现，宇宙中、世界上的信息都是由以前的信息合成的。

这个发现也说明了更多问题。如果信息是由先在的信息合成的，那么一定也存在反方向的过程，即信息的分解、替换与伪造。现实世界也清楚地表明存在这样一个过程。事实上，这个过程是无比清晰的，以至于它需要一个创世神话来掩盖自己。所有信息最终都会解体：人的大脑终会化为组成它的基本元素；人类、生命与地球本身最终都将按照世界的一般趋势失去信息，归于尘土（热力学第二定律）。这种信息的衰变比信息的生产更具根本性，因为信息是通过那些发生可能性极低的偶然性事件生产的，而衰变则是由那些极有可能发生的事件生产的。

在对信息的生产进行了去神话的分析之后，我们面对的是一个被重新结构的宇宙。这个宇宙不再是一个源自混沌、线性发展着的创造物，不再是一步一步（"在六天内"①）走向预定目标、铺排线性历史的宇宙：宇宙成为一个棘手的可能性的游戏。在这个游戏中，所有"很有可能发生"和"不太可能发生"的事情会最终发生，但在这场游戏中，所有这些可能性都将必然归于一种几乎无法逃避的、无信息量的情形，这就是热寂。

于是，摆在我们眼前的不再是一条笔直延伸的道路，而是一条彼此叠

---

① 因为据《圣经》记载，上帝用六天时间创造了世界。——译者注

加、相互连接的环形路径,一种彼此削弱也自我损耗的信息的周转圆。相比于世界的诞生,人们可以更生动地谈论世界的瓦解,因为我们直面着荒谬。与此相关,热力学第二定律中不容置疑的线性趋向(万物趋向于熵)实际上是一个点:一个信息生于斯、归于斯的点。那种线性的、历史性的视角无法在一个荒谬的世界里立足。

信息是先在信息的合成物,这个观点不仅适用于那些建构世界的信息,而且适用于人工信息。人们不是那些先在信息的创造者,而是其游戏者。与世界不同,人们游戏信息的目的是生产信息。与所谓的"自然信息"相比,人工信息能够快速合成,而这正印证了两者的差异与意图,比如,新的建筑风格或科学理论的诞生比爬行动物到哺乳动物的进化快得多。这是因为大自然是在纯粹的偶然间生产信息的,它无欲无求,而人类则使用对话来游戏。

对话是一种被控制的偶然性游戏,它们允许那些储备信息以任何形式相互组合,生产新的信息。作为一个词语,"对话"通常意味着一种偶然性的游戏,在这种游戏中,两个或两个以上的存储器(通常是人脑)尝试与彼此储存的信息结合。但是,也存在一种内部的对话,即一种存储器游戏着自己所储存的信息。当新信息产生后,这种内部对话就会具有一种我们所谓"创造性的个体"的特点。远程通信社会将生产一种对话网络,这种网络可以被视为整个社会的内部对话。从这个意义上说,整个社会都具有了创造性。

然而,没有人会相信,仅通过想象这个游戏性的社会我们就能摆脱关于创造力的神话。当下,神话被隐藏在"目的"这个概念中:当下的神秘之处在于,社会带着生产信息的目的投入游戏。因此,尽管可能会迷失方向,但我们可以放下"目的"(也就是决断或自由)这个概念。为了最大限度地避免迷失,我想建立这样一种大脑模型:将远程通信社会视作一个全球性超级大脑,对这个大脑功能的洞察也要开始。值得注意的是,我们对继承性信息与获得性信息(拉马克思想和达尔文思想)的辨别变得越来越困难。如果人们把大脑看作数据处理的器官,那么大脑本身就成了一种硬件,数据处理(曾被称为"思绪")也就变成了软件。人们可能认为作为硬件的大脑是承袭而来的,作为软件的思绪很大程度上是通过文化获得的。但是,这种对人与电脑的比较是站不住脚的。脑组织会在传入信息的影响下发生变化,如果传入的信息流中断,大脑就会无可挽回地损坏。我们可以从完全隔离于外界的猫和老鼠的实验中确认这一点。人们不得不把人脑视为一种文化的产物,但同时,人们也不能确定思绪完全是获得性的。新生儿几乎没有任何心理过程,因为他没有数据可处理,但是基础性的数据运作结构会通过继承而存在于他的大脑之中。总之,大脑是一种继承而来的器官,但它只在文化的环境中发挥作用,而思绪则是一种不可能脱离大脑的文化现象。

信息生产(处理数据)的"目的"(决断或自由)问题,必须放在这种新的、对大脑功能认知仍支离破碎的背景之下。无论如何,我们已经清楚,自己必将放弃"自由之精神"或"永恒之灵魂"之类的神话。"目的"不会从这种神话中萌芽。人们之所以认为新生儿有灵魂或精神,是因为他们夸张描述了其大脑中原始的精神过程。当人们把电极引入被试的大脑,把脉冲发送到大脑的特定位置,它会如实验操作者预测的那样:从一数到十,并坚信这种行为源于一种自主决定。实验表明,这种决定源自一种异常复杂的过程,它包含对传入其中的储存性信息的计算,诱发人的特定行为,改变了其大脑的结构。任何决定的运作都是如此复杂。这个问题可以这样来说:对话中产生的信息流构成了网络,这个网络储存着过去的信息,所谓的"我"在这个网络上建立了一个连接点。实际上,我们继承的信息和获取的绝大多数信息都由此而来,在这个点上,那些不可预测、"不太可能"的计算中诞生了新的信息。人们以为这些新信息是自己有意生产、可以自由控制的,因为每一个"我"都是独立的连接点,在网络中拥有与众不同的位置和储存性信息。神经生理学将这样一种关于意图的表述赋予我们,然而不仅如此,许多其他学科也拥有相似的发现。

如果一个人将"我"看作对话式网络中的一个连结点,社会则必然成为一个由个体脑组织构成的超级大脑。由此,远程通信社会将与此前的社会相区别:它的大脑网络已经具有意识,这使我们能够开始有意地控制这个网络结构。远程通信社会将成为第一个把信息生产视为一种社会实际功能并系统化推进这种生产的社会,也将是第一个自觉因而自由的社会。

但凡图像还如今天这样运行,我们的社会就还是一个痛苦的超级大脑。

其原本可以生产超级思想，却变得乏善可陈，因为当前，线路结构从中心向外辐射，而这种结构是根据一种早已过时的思维模型而构建的。我们现在知道，大脑不是中央控制的，而是通过其区域和功能之间的相互作用来控制的，而且这些区域和功能在某种程度上可以互换。当代社会的结构不尽如人意，是因为在部分领域中人们错误认识了社会大脑的网状特征。大众文化、泛滥的媚俗、沉溺于空虚、趋近于熵，这些都是这种错误认识的后果。因此，(精神)社会的真正功能受到阻碍，当代社会几乎没有生产任何出人意料、震撼人心的信息，而是近乎耗尽所有储存其中的信息。这是一个愚昧的社会。

当前，我们更深入地认识了大脑功能与远程通信技术，这将帮助我们把一个愚昧的社会变成一个创造性的社会，尤其是建立一种能合理应对大脑各功能间互动的基础性系统。在这个社会结构中不再有信息散播的中心；相反，网络中的每个连接点都可以发送和接收信息。这样，人们会在整个网络中作出决断，同时就像在大脑中那样，这些决断会被整合到一种整体性决断，也就是共识之中。在生物科学中，这个过程被称为从个性化到社会化的飞跃，诸如从单细胞生物向多细胞生物、从独居性动物向群居性动物的转变皆是如此。这种飞跃也将在意图、决定、自由这些精神的层面上实现。原本独立的"我"将保持其独立性(就像生物体中的单个细胞或动物群中的单个动物一样)，但信息的生产则存在于另一个层面，即社会层面。

可能有些人会质疑我在前文提到的自由的社会化，因为它拒斥犹太-基督教式的人类学及其衍生的其他人类学思想。根据这些人类学研究，每个人都有一个必须珍藏和延展的核心，决断与自由的社会化会威胁到这种核心。然而，我们知道，这种核心其实是神话性的，这种人类学思想也站不住脚。我们能在很多与之截然不同的其他学科中认识到这一点，包括神经生理学、精神分析学、信息学，尤其是现象学分析。本质还原法证明，"我"其实是一个抽象的悬钩，具体事实挂在这个悬钩上；如果没有这些事实，"我"就成为一种虚无。自由的社会化强调将我们彼此相连的具体关系，它并不会造成身份的消散；反之，它揭示身份的实质。只有和别人在一起时，我才能真正成为一个"我"。"我"就是那个有人称之为"你"的人。

这种对社会的对话式重构,这种"对话式存在"(布伯,Buber)①的关键,在于它的游戏性。作为一种对话式的脑性网络,社会必须被当作一种社会性的游戏,这种社会产生的信息则类似于棋类游戏中棋子的移动。大自然只随机产生信息,社会则讲求意图。这意味着,就方法而言,社会预设这个游戏有策略可循。与棋类游戏相比,社会性游戏是一种开放的游戏,规则可以在游戏过程中发生变化。关于未来的社会治理策略、控制论以及信息生产游戏的开放性,我还有很多未尽之言。在此,我只谈谈进一步思考的方法。

远程通信社会将是一种系统搜寻新信息的对话游戏,我们可以把这种规则化的搜寻称为"自由",搜索的方向则是"意图"。分散的信息碎片(单一的、被不断修改的技术图像)会由于这种策略而变得越来越出人意料,蕴含丰富的信息,因为它们在远程通信游戏之中。由此,预测这些信息是没有意义的。当前,屏幕上出现的图像无论多么激动人心,都只是我们所做之事的苍白倒影。大脑生产的信息是其能够产生的信息总量中的一小部分。因此,远程通信社会具有难以想象的可能性。但是,这种社会的发展速度将超过大脑,因为大脑是大自然随机性游戏中的一个偶然产物,而新的社会则将进入一种意图导向的社会性游戏之中。新的社会诞生于那个生产出大脑的偶然性游戏。然而,在这些大脑中,偶然性游戏已经变得具有策略性,成为一种对抗偶然性的偶然性游戏。总之,在远程通信社会中,人们会清楚地认识到,大脑是被偶然生产但又能反击偶然性的构造。我们在巧合中成为自由的生命——这对人类来说是永恒的真理。在这种新社会中,人类针对偶然、对抗熵的倾向会第一次自由地延伸出来,人们也第一次运用基于知觉性的技术来有条不紊地生产信息(而不仅仅是生产经验性信息)。之后,信息会像潮水般一样奔涌,与熵对抗。只有当我们以负熵的倾向来定义人类时,人类才第一次成为真正的人类,即信息的游戏者。远程通信社会将是真正的"信息社会",也将是空前的、真正自由的社会。

---

① 马丁·布伯(Martin Buber)是 19 世纪末 20 世纪初的犹太哲学家,对话哲学是其重要思想。——译者注

# 第十二章　创造

　　正如我在上一章中所说的那样,信息生产是一个组装已有信息的游戏。这种对创造过程的洞察或许会解构其原有的神话光环,但不会削减其独特的魅力;相反,这种创造性精神,这种超脱自我而投入即将诞生的信息与偶然性的体验,正是自由本身。古往今来,无论是科学家、技术人员、哲学家、艺术家还是活动家都印证着这一点,他们从自己已储存的信息中创作新的事物,但不孤芳自赏,而是把作品公之于众——他们出版这些作品。他们从自身走入他们的作品,但这种通过内部对话生产信息的方式并不是长久之计。即使在当前,多数信息也是被对话的群体而不是个人生产出来的。就"作品"这个概念而言,其被技术图像的非物质性、可复制性与无形性削弱了。例如,在视频剪辑这种创作里,很多人都可以参与其中;储存作品的磁带不仅可以被无限复制,而且可以被持续修改。在这种情况下,创造性精神会经历些什么呢? 这对远程通信社会来说是一个重要问题。在此,所有的信息将通过主体间对话被合成,它们将被无数次地复制,被接收者再造,继而成为新的信息。在这种没有作者与作品的情况下,是否还有创造性精神可言? 是否存在那种由漠视自我与被同化的作品所构筑的自由呢?

　　这里首要的问题是一切已有信息的可复制性。拉丁语"copia"的意思是"多余","copy"(复制)则意味着"创造多余之物"。那么,复制所生产出的多余之物究竟是什么呢? 我们最先想到的答案是:它使被用于重复已有信息的人类劳动(重写、重绘、重算等)变得多余,因为复制是由装置完成的。然而,这只是一个脱口而出、不切要害的答案。再进一步,我们会得到更为骇人的答案:复制使所有当权者和创始者都变得多余,创造性精神也以此变成多余之物,比方说,由复印店引出的版权问题就能说明这一点。

"创始者"(Autor)和"当权者"(Autorität)这两个词来自动词"augere",意思是"促使生长",但它通常被翻译成"建立"。这让人想到罗马的农业,即把种子种在地里生长。实际上,我们身处的罗马神话是这样的:罗马城的建造者即"创始者"罗穆卢斯把罗马放在土里,让它生根发芽,成长为一种影响世界的权力。尽管罗穆卢斯是"罗马城与世界"①的创始人,但城市和世界如果不与创始人建立连接,就无法生长,它们的连接物就是"当权者"。那个悠远而可溯的(宗教式的)是大写的权威(Magisterium),而另一种以创始者照见当下的,则是小写的权威(Ministerium),它们共同构成了一种社会性的结构。

这个拉丁语神话与权威式的社会结构从罗马帝国延续到教会时代,又从教会时代沿袭到几乎所有现代行政模式之中。与创始者捆绑在一起的权力系统随处可见,在军队、工厂、政党和国家里比比皆是。我认为,技术图像的可复制性(事实上是所有信息的可复制性)使这种结构变得具有冗余性,继而磨灭了所有的当权者与创始者。这就是所谓的"权威危机",也就是为什么所谓的"伟人"(创始者)日渐稀少。

可复制性使所有小写的权威(传递消息的力量)变得多余,因为它使消息可以自动地被大量传递。复印店的管理宽松,那里不需要牧师,也不需要媒体、出版商。同时,可复制性使得所有大写的权威(保证信息准确性的权威)也变得多余,因为复制是自动的、精准的,并会随着复制技术的发展而更加严丝合缝。在复印店里,主宰者、牧师(pontifices,祭司 = 桥梁的构建者)失去了存在的必要。简而言之,那里不需任何宗教性的、庄严神圣的东西。这意味着,复制使管理和宗教变得自动化。

辅助者和主宰者仍会抗拒这种自动化,我们以出版商和摄影师作为例

---

① 原文引用的"urbi et orbi"是拉丁语中的一种固定短语,意为"(教宗降福)罗马城和全世界"。——译者注

子。出版商认为自动复制是盲目的(没有标准):自己必须通过掌控复印装置来过滤那些泛滥的信息;摄影师则认为自动复制是不准确的:只有在他们控制装置的情况下(授权打印),复制才能忠实于预定信息。然而,这两次拯救信息社会权威性的努力都是在已失去的土地上展开的战斗。关于信息的过滤(批评、审查),我会证明装置可以自动地做到这一点。至于准确性,这是一个技术问题:毫无疑问,在不久的将来,复制将成为克隆。在准确性方面,我还有一些观点要提:在即将到来的信息社会中,信息将被它的接收者合成,生产出新的信息;我认为权威都将消失,因为可复制性已经使他们变得多余——尽管我知道可能有人会反对我的想法。

当前,复制装置有时似乎是在复制"原本"(文本、照片、电影),而"原本"是从创始者的口(来自 ora,"口")中发出的信息。然而,细察之下,人们会发现这个"口"的运作方式(希腊语 mythos,"从口中发出的声音")。信息不是来自神话般的创始者,而是来自外部和内部的对话。在此,人造存储器(装置)扮演着越来越重要的角色。关于创始者的神话认为,对重要的信息而言,会有一个"伟人"创造它的"原本",而这个"原本"是其内部对话的结果。因此,神话般的创始者是在孤绝中展开创作的。当然,人们不会否认,即使是"伟人"也需要那些滋养着他的信息,但也有人会认为,一些前所未有的事物是通过创始者创造性的工作而诞生的。但是,创始者(和原本)的神话歪曲了"信息生产是一种对话"这样的事实。现在,信息是可复制的,这一事实不容掩饰。例如,照片是摄影师与摄影装置(以及不为人知的搭档们)之间对话的结果,把合作团队中的每个人都称为"创始者"是荒谬的。有了复印店与对话的自动式控制,所有的创始者、奠基者、贡献者、先觉者、国父和马克思们(包括神圣的造物主)都变得多余。

在神话里,每个社会都出自超级英雄之手——那种被孤独悬挂在"冰冷的高空"中的所谓文化的英雄。罗马的创始者罗穆卢斯只是这无数英雄之一。每个亚马逊印第安人的部落都有这样一个创始者,其通常以动物的外形出现。因此,每个神话社会都是独一无二、不可复制的。"一个由神话中的狼建立的社会,被另一个由秃鹰建立的社会取代"这种说法,就算是在假设中,也不免令人惊骇。每个神话社会都是一个"原本"、一个独特宇宙的中心,后来人们尝试着通过对话与共识,构建祛除个体创始者的社会结构。在这种反复尝试中,现代思想与耶稣之城的基督式社会观相割裂而萌生出来,一种可复制的社会(比如西方民主国家或社会主义人民共和国)由此诞生。这种社会被复制到哪里,神话文化中的英雄们就会在哪里陨落。当然,这种诸如建立国家、制定宪章式对话的模式一直是经验主义的,以至于这些对话中的一些发言者,比如华盛顿、罗伯斯庇尔或马克思,都在回溯中被神化。这是关于次级创始者的。当下,自动化理论和远程通信实践开始以一种规范性、系统性的方式来构造这样的对话。正在崛起的信息社会甚至没有次级创始者,因为它不是"原本",它可以随时被自动复制到任何地方。关于建立国家的真理,即一切未来信息的真理。在未来,任何类型的创造都不会有创始者,不会有象征始源的图腾动物。

这样看来,远程通信社会以一切信息的可复制性为特征,这个社会中似乎没有创造性精神和自由的土壤。当每条信息都是按计划生产、作为对质疑的回答时,显然不可能有自由的创始者;当所有消息都在对话中产生,甚至部分地通过人与装置的对话而生成时,也似乎不会有创始者存在。由此,用于生产信息的创造性精神也不复存在。然而,这种看法是对新信息社会的一种误读,我们能从对信息合成方式的思考中认识这种错误。

我们可获得的信息具有天文意义上的维度,它们早已超越了自身可存储在人类记忆中的区域。我们可以扩大记忆的容量,存储越来越多可用的信息碎片。因此,今天的普通人比文艺复兴时期的旷世英才知道的还要多。但更加合理的做法,是将可用信息存储在人工存储器中。此外,由于人类的记忆速度缓慢,无法将大量信息处理成新信息,而通过机器来处理数据的速度则更快,所以内部对话变得难以运转,"伟人"们也举步维艰。创始者不仅失去了存在的必要,甚至变得难以为继。

相反,我们可以开展外部对话、进行主体间的交流。这种对话和交流比任何"伟人"所能拥有的创造力更加丰富,比如在实验室或工作团队里,人类记忆与人工存储器可以相互连结,共同生成信息。一些对话可以生产出大量新的甚至令人震撼的信息,这是过去的"伟人"们不可企及的。远程通信社会可以成为该类对话的庞大组织,在理论上,社会中的每个人都可以参与其中。

在此,我用象棋游戏来说明这种信息生产方式所体现的精神。显然,象棋是一种零和博弈:双方对峙,一个赢,一个输,结果则是零($+1-1=0$)。游戏的策略在于引诱对手进入陷阱,将他击败。"策略"一词来源于"strategos"(将军),也带有"stratagema"(诡诈的)的意味。因此,国际象棋似乎是一种诡诈的战争游戏,结局则是空无。但游戏的实际体验与其结局相矛盾,在游戏过程中会发生种种无从预知、出人意料、扣人心弦的时刻(信息量丰富的情形),这使象棋游戏充满趣味性。在类似这种象棋问题的情形中,人们对胜利本身意趣索然,而关键点在于充分地利用这场游戏。当对峙的双方联合起来对抗象棋问题,竞争就变成了对话。他们记得,"stratagema"来自"stratos",即"层级",而这个词也源于"distribute"中古老的词根"str"。他们当前的策略在于计算那些被偶然分散到新层级的信息碎片,他们会从中受到启发,因为这时象棋就变成了一种"加和游戏",两个玩家都获得了新的信息。

象棋游戏的例子是为了描述一种正在出现的"游戏的人",这是一种游戏中的、远程通信式的存在。它旨在证明,游戏的策略实际在于对散乱的粒子性元素进行系统计算(技能意义上的艺术),而不是设计诡诈的陷阱(手段意义上的艺术);它也展示了外部的对话如何具有生产性。更重要的是,这个例子试图说明外部对话如何才能体现启发性,游戏者如何放下自我并生产出信息,以及"创造性精神"这个概念如何指代全球性远程通信对话所具有的精神。

象棋游戏也能轻易模拟那种使人振奋的内部对话。一个人独自坐在板凳上,移动着白色或黑色的棋子,富有趣味与信息量的情景可能在此间诞生。一旦另一个游戏者加入进来,最初的情景马上显得非常局促:第二个玩家的加入意味着游戏所包含的能力翻倍。一方面,在前远程通信社会(也包括此时),单方参与式的游戏担负着生产几乎所有信息(科学、哲学、艺术与政治)的任务。而从另一方面来说,远程通信促使更多游戏者加入,游戏的能力即成倍扩大。在未来,目前所有的由"伟人"生产的信息(我们的整个文化遗产)将变得相当稀少。与合成式信息,尤其是未来的图像相比,过去的文化将仅仅是一个起点,人们会渐渐看到,一种系统化的、意图性的创造力由远程通信系统开启。

　　理论上,通过电缆或人造卫星,一切人类与人工智能都可以参与对话。通过外部对话生产信息的远程通信模式基本只是一种基于理论认识(所有信息都是通过对信息碎片的计算而得来的)的技术应用。远程通信是一种基于理论的信息生产技术,就像 18 世纪的机器是一种基于理论的、用于生产富含信息之物的技术一样。由此,我们可以预想,在任何方面,信息生产领域的革命都可与实物生产领域的工业革命比肩。

　　比方说,在工业革命前,运载工具发展得很慢,从独木舟到三桅帆船,从奴隶搬运工到公共马车,每个发展阶段背后都有一个发明家。这个发明家通常并不广为人知,但在最初,他们可能如神明般璀璨,但在工业革命后,从帆船到轮船、飞机,从公共马车到汽车、火箭,这种发展不仅速度加快,其性质也发生了根本变化。当下,构成图像的理论将把推动生产进程发展的力量从发明家的个人能力转化成无人称的、科学技术话语的能力。这样看来,三桅帆船更接近于一万年前的独木舟,而不是两百年后的火箭。人们把理论引入生产进程,随之,新的物质秩序得以在一种特定领域内实现。这样看来,与他们的孙辈相比,公元 18 世纪的人类过着与他们在公元前 8 世纪的先祖更加相似的生活。

　　当前,信息生产领域正在经历这样的大跨越。在信息革命之前,例如图片、音乐这样的东西发展得非常慢:从拉斯科山洞中的壁画到电影,从鼓到电子声音合成器。这种变化经历了漫长岁月,每一次跨越都要归功于一位伟大的艺术家,这些人在今天或许不为人知,但在最初却可能如神明般璀璨。这些人中离我们最近的就是塞尚、莫扎特这样的天才创作者,而在信息革命之后,这种发展不仅速度加快,而且发生了根本性的变化。超乎我们想象的图像与音乐将诞生于世,而它们包含的信息也会是我们始料未及的。不仅如此,信息理论会把推进生产进程的力量从个体的创造能力变为人际对话的能力。因此,与计算机屏幕上由分形方程生成的图像相比,今天的电影更像拉斯科的洞穴壁画,而我们的生活也更类似于我们 18 世纪的祖先,而不是我们的孙辈们。严格来说,只有抛弃信息创始者的神话,理论化的创造力才会成为可能。

引入关于生产进程的理论并不会使经验性因素（直觉、灵感、经验法则）失效或被取代；相反，它们的力量将第一次被淋漓尽致地展现。技术创新的动力来源于理论与观察、理论与实验之间的复杂交流，比如要制造一架协和式飞机，直觉、灵感和经验法则都要发挥作用。在某种程度上，这些是马车的发明者永远无法具备的。灵感与直觉只有在理论的框架中才能得到保留，在这种意义上，飞机是远比马车伟大的艺术作品。未来，我们会从合成图像中感受到类似的东西。同时，当这种创作热情冲击装置中的理论藩篱，它才真正成为一种"凝想力"。未来的图像将是高层次的艺术，它们源于装置所蕴含的理论与凝想者直观的凝想力之间的辩证关系。

因此，远程通信社会不仅不会废除创造，还会赋予其真正的意义，创造不会局限于那些通过自我对话而生产经验性作品的少数伟人。在那里，属于创造性的个体、属于英雄的时代已然逝去，就连他们本身也变得冗赘多余、无处立身。这里还需补充说明的是，历史的时间（在"所做之事"①指涉的线性结局的意义上）已经彻底过去；相反，每个人都会参与创作进程。尽管迄今为止，我们对装置的深邃内涵只是略知一二，但人们仍可以以装置蕴含的理论来验证自己的直觉和灵感，并在此过程中生成新的信息。这些信息将不再由作品或实物承载。虽然非实物的信息会为人们继续从中产生新信息造成挑战，但这样的信息却比历史性的作品更加恒久，因为它不仅可以无限复制，而且可以保存在永恒的存储器中。只有当我们不再思考作品，不再追究镌刻在实物上的信息（当我们超越了那些热力学第二定律支配下的信息所具有的物质性），我们才能开始创造不朽。

未来，人们会在键盘上游戏，狂热地创造难以磨灭的信息，而这些信息也将不断被用于新信息的合成。在那些僵坐于电脑前的儿童身上，我们能看到这最初的狂热之态，未来的人们会沉浸在创作过程中，他们全神贯注、忘乎自我，通过装置与其他人一起游戏。因此，不能把这种游戏中的忘我状态视为失却自我，相反，未来的人们会通过游戏而自我发现、自我充实。

---

① 原文在此引用了拉丁语词组"res gestae"。——译者注

"我"——这个本质上(以及在神经心理的、精神的和信息分析的层面上)被确证为一种抽象概念而非任何实体的存在——将通过创造性游戏而被第一次实现。在创造性游戏中,游戏的人通过别人而发现自己。在这场对话、这场相互指认对方的创造性游戏中,众人都处在平等共生、相互熟识的环境之中。这就是游戏、创造与远程通信的意义。

这些乌托邦式的想法本身就陷于游戏的狂热之中,正因如此,它们期待接收者以同样的游戏精神将它们接收、改进、播散开来。

# 第十三章　准备

　　自由的问题,即有意识地获得信息的能力问题,在前文中一直没有得到解答。当我们从外部探究自然生成的信息与文化生成的信息之间的差异,会发现这种差异其实是一种程度问题(文化比自然更加频繁地产生出人意料的信息)。我们处于一种被稀释的自由中:在使用策略的游戏中,人们获得的东西同样被自然界收入囊中,尽管后者需要更长的时间才能生产这些信息。同时,当我们从内部观察这种差异时,可以说,在不可抗拒的、自动运转的自然界与人类的创造性精神之间,我们仿佛开始将自由视为一种主观存在:我们确实体验到了那些被有意识地生产的信息,但是从更宏观的角度来看,在自由的角度上,计算机这样的信息和变形虫这样的信息是无法区分的,因为两者是先前信息的合成物。或许,当随机计算与策略性计算生产新信息的时候,我们可以把握二者的差别,进而更确切地提出自由之问。在此,我们不是要比较计算机与变形虫,而是要比较计算机的诞生与变形虫的诞生。

　　乍看上去,在完全随机的自然条件下,超乎寻常的情况一跃而出,然后,它们络绎不绝、次第相接,也由此变得越来越出人意料。在此,大自然像一个大阶梯,每个层级都比前者更加离奇、比后者更加寻常。每一个层级上的可用信息都会被随机地处理为新信息,然后走上下一个层级。自然的进化似乎是非连续的,这使人有了一种“自然历史”的印象。比如说,粒子构成了更为复杂的原子(相对复杂的原子则由相对简单的原子构成),原子构成了更为复杂的分子（相对复杂的分子来自相对简单的分子），分子构成了更为复杂的组织（相对复杂的组织由相对简单的组织构成），而作为这一阶梯上目前可知的顶端，人类能够撰写自然的历史。

然而，如果我们只把注意力锁定在从一个层级到另一个层级跃升的瞬间，会发现自然历史就从非连续性的进化中消失了。比如，试问当氧原子变成氦原子时发生了什么？当爬行动物变成灵长动物时发生了什么？答案不涉及非连续性的进化。尽管每个层级上的答案都与众不同，但我们还是能发现某种共通之处。因为在每一个层级上，偶然事件总会不断发生，这些事件会销蚀这个层级。氧原子总是会分解成粒子，爬行动物则会因其遗传信息的随机性突变而发生退化。一旦这些情况出现，每个层级的信息都会堕入一种持续衰变之中。当然，也会有一些极罕见的情况发生：它们将信息引入下一层级，但新的层级也会随着这些信息的出现而开始销蚀。在自然的问题上，我们关注的是一种阶梯：这个阶梯整体以及其中每级台阶都处于持续的衰变之中。

这就是"自然是随机的"这一说法的含义：它走向崩溃，产生熵，而这种崩溃是如此的随机，以至于即使在废墟中，新的信息也总能浮现出来。"浮现"这个词若在今天流行了起来，是因为它反衬着旷远辽阔的、作为背景的废墟。

如果我们将自然历史与文化历史进行比较，即把自然随机生产的信息与人类有意生产的信息相比，那么，有意识的创造（自由）就会出现在一种新的维度之中。两者的差别既不在于速度（正如自从人类诞生，历史的车轮就越发飞速向前），也不在于立场（就像从人类的立场上看，文化历史就是自然历史），而在于一种方向的悖逆（自然的历史走向衰败，文化的历史则从衰败中开启）。也就是说，人类的参与看起来似乎不再是一种为生产信息而选择的更好的方式，也不像一种自然的倾向。更确切地说，它看起来像一种对自然的抗争：对抗信息所不可避免的自然衰变，对抗死亡，对抗遗忘。我们生产信息，以免被遗忘，而自由就是对抗死亡。

在文化历史与自然历史的对照中，我们会发现，两者内部似乎都存在着一种发生于废墟之中的非连续性进化。在文化历史上，每一个新的信息层级都会从出现之时开始衰变,例如,在早期资料中,巴洛克式风格一经出现就显出了衰退的迹象。在文化史上,万物都是遗忘的猎物。人类踏向死亡且多数被遗忘,城市归于尘土,文化也无疑终会沉没在遗忘的海洋。尽管如此,文化历史与自然历史仍是相背而行的。在大自然里,新的信息看起来像一种错误、一种始料未及的意外(在生物学中,变异被视为信息传递中的一种错误)。而在文化上,被遗忘却是一种意外——顺便说一句,这是一种目前已被证明不可避免的意外。因此,有意生产信息的核心问题不是被忘却,而是被记忆。

从这个角度上看,远程通信技术是一种可以让一切制造的信息封存于永久性存储器中的技术。在远程通信的对话中,人类和人工存储器交换信息,以此生成新的信息并把它们人为地储存起来。这样一来,不仅是新的信息,还有产生新信息的人类记忆都会被珍藏起来,免被遗忘。远程通信系统的真正使命在于成就不朽,因为它培养了一种意识:自由不仅存在于信息生产之中,也存在于使其免于自然熵变的保护之中——我们以此造就永生。

这并不是什么新奇的认识,其实人们一直尝试着把信息收藏在某种永恒的存储器("一种比青铜更持久的东西"①)中,或者至少要用青铜或大理石这种难以磨灭的介质来留存。但是,所有的存储介质都面临一个同样的困境:它们是物质的、自然的、受到热力学第二定律约束的,所以它们与所承载的信息必定一同衰朽。只有在电磁图像出现之后,我们才能寄望于非物质的纯粹信息,期待它逃脱遗忘的诅咒;只有在当前,我们才能制造出超越于自然力量的存储器。这是远程通信社会作出的第一个回答,这个答案破解了以前那种宿命式的衰朽。那时,一切文化及与文化相关的一切,都沦入遗忘的深渊,陷于死亡的泥沼。这个答案是一种技术性的回答。

一切存储于物质性介质的信息都注定衰朽,当人们认识到这一点,所有线性的历史构型都难免被弃。从此,历史不再是人们将自然化为文化的线性过程;相反,历史成了这样:人们一步一步地从大自然里撕下一些东西并将信息寓于其中,使它们幻化为文化的对象。这样生产的文化对象被耗尽

---

① 原文在此引用了拉丁语词组"aere perennius"。——译者注

之时，也就是寓于其中的信息枯竭之日。至于这些被使用过的文化对象，人们弃若敝屣，垃圾由此产生。在被弃的文化对象中，所剩的信息基于熵而衰变，对象又回到最初被撕裂的大自然之中。例如，一张动物的皮取自自然界，它上面镌刻着信息——"鞋"，这种文化对象就生产出来了。当这只鞋磨损进而失去了它携带的信息时，就会被扔进垃圾堆。在那里，基于热力学第二定律，这只鞋会衰朽，回到无组织状态，也就是最初它被提取时的本质之中。我们观察着"自然—文化—垃圾—自然"的循环，没有发现线性进化的痕迹，所有进化式的历史主义都注定被抛弃。

为了对抗"自然—文化—垃圾—自然"这种退化的循环，为了抗拒信息衰朽，人类发明了层出不穷的耐久之物，比如用塑料瓶代替玻璃瓶。然而奇怪的是，这些东西并没有在记忆的节点上终结这场循环，而是在废弃、遗忘的节点上使其停止：塑料瓶子被丢弃的速度和玻璃瓶的一样快，只是在回归自然之前，它滞留的时间更长一些罢了。由此，堆积成山的垃圾污染着环境，进而重新渗透到文化之中。它们可能会携带着被回收的、被半遗忘的东西，携带着媚俗，重新吞没文化。为了应对这种威胁，诸如生态学、考古学、心理学和词源学等有关废弃物的科学与科学和人文一同升起，它们试图唤起被遗忘的另一半，掌握废弃之物——这是典型的后历史问题。

一方面，远程通信技术会终结这些正威胁着我们的重重问题，因为它可以让人们在没有物质载体的情况下生产和储存信息。比如，像电磁场这样的非物质载体就不会衰朽、变成垃圾，嵌入其中的信息可以永远保存在文化存储器中。由此，"自然—文化—垃圾—自然"的循环会在文化而非垃圾的节点上终止。有了这种以非物质载体储存信息的新机会，人们对物质作为信息载体的兴趣将急剧减少：如果我能进入一个视频库，那为什么还要在柜子里存十双鞋呢？我更想通过精简物品腾出更多空间来存放录像带，同时，我仅有的那些东西也最好是短时效的、一次性的——用纸杯代替塑料瓶。由此，垃圾，尤其是人们消耗的基本对象会减至最少，这些东西会迅速地回归自然。远程通信将以这种方式解决垃圾问题，因为它使我们不必忧心那些承载信息的物质性力量。

而在另一方面，这同样也会带来危险，如果"自然—文化—垃圾—自然"

的循环模式开始止步于文化而非垃圾的话,我们就需要一个巨大的、用于储存文化的物体来储存那如潮水般涌入的信息。否则,我们会在过剩的信息中窒息,而非被垃圾淹没。这种文化的重建已经依稀可辨。首先,日益高效的人工存储器将被整合到文化中。其次,"遗忘"这个概念会获得一种全新的、完全可控的意义。"遗忘"会获得与"习得"同等的地位,在信息策略中具有同样的重要性。最后,人们可以从特定的记忆中删除多余的信息(这些信息已经被存于别处)。多余的信息与有效的信息会被系统地区分开来,然而就目前而言,这些方法都不足以处理超量的可访问信息。在遥远的将来,这种过剩将成为我们首要关注的问题,因为与原材料和能源相比,信息的源头永不枯竭。

如果我们要通过远程通信文化实现对这种文化循环的重构,那么所有以前存储在类似纸质载体(尤其是文本或图画)上的信息都要被制成电磁性的。这种从化学到电子的转变已经铺展开来,尽管人们尚未明确察觉,但照片、电影和书籍正在走向终端。这一技术革命将促使如打印机墨水、银化合物这种化学性的载体消失,也无疑会影响书写和图像制作。那些写作和制作图像的人将变为凝想者。换句话说,所有当代技术图像以及所有当代的文本,都应该被视为合成性计算机图像的先驱。只有当电磁领域的转换完成后,我们才能真正地将信息收藏在永久性的存储器中,在那里完成再次的复制与转化。只有这样,我们才能保障信息安全,而且使其源源不绝地生产新的信息。由此,意图性、对话性的纯信息游戏终将与自然那盲目的、随机性的信息游戏对立起来,使我们永生不灭。

这就是远程通信技术的目标。可问题是,我们该怎样实现它呢?或者说,盲目的、自然产生的巧合与策略性的对话之间有着怎样的明确差别?即熵与负熵、必然发生的巧合与自由之间的界限在哪里呢?答案在于,巧合会不可避免地把所有信息扭结在一起,而在对话中,多余的信息会被删除。自由本质上是一种差异,即多余信息与真正信息之间的差异,自由的人是有能力作出决断的人。

在讨论这种能力的问题之前,我想先举两个例子:人们对生火方法的发现与牛顿的世界观。这是两个发生可能性极低、无从预知,也包含着丰富信息的情况。那么,是什么使石器时代的人类掌握了生火的能力? 是什么使牛顿创造出对世界的认知? 二者似乎都会摆弄偶然,就像大自然一样,他们都抓住了某种偶发事件(例如,一棵被闪电击中的树、一个在牛顿打瞌睡时掉在他头上的苹果。第二个例子"尽管不是真的,却是经过奇妙构想的"①)。他们并不是在意外中选择了这种偶发事件,却在其中认识到一种极不寻常的情况的模型,于是偶然事件成为发生在他们身上的事件。石器时代的人有能力在"树木燃烧"的事件中认识到一种极不寻常的"烹饪并成为肉食类灵长动物"的模型,通过这种方式,他把人类变成大型游戏中的猎人。牛顿有能力从坠落的苹果中认识到伽利略力学与开普勒天文学相融合的模型,并以此建立了现代物理。他们都有能力将多余的偶然事件转化为不可预见的信息,他们都是自由的。但是,他们是如何获得这种能力、获得自由的呢?

在远程通信系统诞生之前,这些问题的答案是玄秘的:他们生而不凡,天纵英才;他们就是"创始者"。然而即使在当时,人们也不得不承认,这种先天禀赋实际上并不足以带来"火"或"牛顿物理学"。比如说,牛顿须通晓力学和天文学才能分析苹果坠落事件,但并非所有学习力学和天文学的人都能成为牛顿。远程通信系统告诉我们,任何人都可以成为牛顿,要想获得这样的能力,只需要参与对话游戏。对话游戏是为获得这种能力所做的准备,在此,参与者会做好准备,将多余之物转化为信息。在远程通信时代之前,只有少数人能成为天才,这是因为大多数人无法参与对话;相反,他们必须将对话中产生的信息刻录到物质载体上:他们必须"工作"。通过使人们摆脱工作,远程通信与机器人技术将解放人类,使其返璞归真,获得将多余信息转化为有用信息的能力。机器人技术带来必要的休闲(schole,"学校"的意思)②,使远程通信系统成为一所习得能力与自由的学校。

"能力"其实是一个数学概念,它可以被量化,但在当前语境中,它体现出一种存在主义色彩。按规则对元素进行组合,所有可能生成的组合(计算)之和即能力。例如,象棋的能力是所有棋子按照游戏规则所可能产生的

---

① 原文在此引用了意大利谚语"se non è vero, è ben trovato"。——译者注
② 英语中"学校"(school)这个词源于词根"schole",意思是"休闲时间"。在古希腊,"休闲"并不意味着单纯享乐,而是一种学习和追求智慧的活动。——译者注

排列的总和,这个能力比跳棋的能力大。或者说,照相机的能力是所有可能生成的照片的总和,这些照片都遵循装置中编排的规则,并且这种能力会随着新装置的出现而变得更强。或者说,一个说英语的人所具有的能力是在符合语法的前提下,由他掌握的词汇拼接成的所有词组的总和,而每当他学到新的单词和语法时,这种能力就会增加。我们可以把某个可运用的内容中所有元素之和,把结构中的规则之和称为"能力",能力就是既定结构中既定的可运用内容的功能。能力随着可运用集合以及/或结构的拓展而增加。对人类来说,简单而言,数据处理的结构就是大脑,它过于博大,其大部分区域都在休眠中。当可运用的内容(数据)增加时,人类的能力也会增加。这就是远程通信技术设置的目标。

在远程通信对话的游戏中,最值得关注的不是我们过去难以想象的海量新信息,而是每个参与者都会为新信息的生产做好准备,他们将具有把多余之物转化为信息的能力。最终,由天才、造火者、牛顿那样的人所构建的社会将从对话中诞生。从理论上讲,每个人都将通过远程通信技术而充分准备,也都将获得生产更多出人意料的、非比寻常的信息的能力。这就是自由的策略:信息交流的目的是提高一种能力——将多余的偶然事件转化为不可预见、非比寻常的信息的能力。

遗憾的是,这种策略也有消极的一面,因为它不仅适用于人类,也适用于人工智能。远程通信技术不仅能稳步提高所有人类的能力,也可以提高所有人工智能的能力——人工智能也将变得如天才一般。由此,对话的核心问题将很快成为"人类智能如何与人工智能相关联"。我们面临一个艰难的选择:将人工智能人类化,还是使人类智能更像装置。然而,这个选择可能是基于前远程通信的视角提出的,在远程通信的对话中,人与人工智能将联结起来。这种联结会使区分信息生产中人类因素与人工因素的行为变得毫无意义,因为人工智能和人类智能将融为一体。当前,我们可以从摄影师和照相机的关系中看到这种融合的雏形。人们越是自由,与他们联结在一起的计算机就越具有"能力";人工智能越高级,那个与之合作生产图像的人就越具有强大的凝想的力量。当然,这种"人—装置"的联结必须具有真正的对话性,而不是像现在这样:人被机器编排。在"庆祝"这一章里,我会谈论更多关于对话性编程（所谓"自我的编程"）的内容。在一个真正运转着的远程通信社会（而不是当下这种"装置—人类"的闭环回路）里，能力卓著的装置会推动更多的能力卓著的人诞生。

远程通信社会是一所为自由而建的学校，人们自由地投入信息生产，对抗熵、衰变与死亡。但是，为了获得自由，人就一定要先对自由梦寐以求吗？正如在拍照并掌握拍照的能力之前，难道人们一定会怀着拍照的心愿吗？这个关于自由的决定无疑是远程信息社会的基础，没有这个决定，远程通信社会就会毫无意义吗？我将用另一章来反思自由，希望它不会使我们陷入无限倒退的虚空之中。

# 第十四章　决断

前文我们讨论了远程通信社会中的自由问题,这些讨论勾勒了该社会的大致样貌:它就像一个对话的网络。信息通过网络的线路从一个结点传送到另一个结点。这个网络大致像一个神经系统,特别类似于大脑,它的结点就是人类智能与人工智能。在这些结点处,信息被累积和储存,被计算成新的信息并最终发送到其他结点,网络中可用信息的总和随之稳步增长。因此,这个网络必然会成为一种非自然的系统,因为在自然中(将其当作一个系统来看),可用信息的总和是在稳步减少的。上一章中,远程通信网络的这种非自然特性被视为人类自由的表现,在那里,自由被理解为反自然熵的决断。换句话说,远程通信社会被视为一种技术:它源于人类从热力学第二定律中寻求自由,从衰变、遗忘与死亡中自我解放的意志。此外,远程通信被视为同类技术中空前的、有可能实现其目标的技术。

在某种程度上,它们代表的是人类的记忆,而不是人工存储器,因为通俗意义上远程通信网络中的结点就是"我"。在前远程通信时代,个体大脑或多或少是孤立的,它们储存的信息会随机地流失,正如在原子、分子和有机体中的信息会随机流失一样。与变形虫的出现是自然现象一样,人脑也是一种自然的器官,其必然顺应熵的自然趋势。因此,这个通俗意义上的"我"势必会遗忘与被遗忘,除非其成为对话网络的一部分。的确,新信息可以在记忆和"我"的范畴中诞生,就像其在分子或变形虫那里诞生一样,但在那里,这些负熵性的偶然事件反而被遗忘。无疑,分子、变形虫与人类的记忆之间存在差异,人类的记忆是作为一种避免遗忘与被遗忘的努力而被构建起来的。"我",即一个人,恰好是自由的存在,而这种自由正是所有技术乃至远程通信技术的源泉。

远程通信社会是有史以来第一个发现所有技术的意图性的社会,与以前的所有对话形式相反,它以系统化方法促进可用信息总和的增长。尽管在所有对话中,我们都关注那些旨在增加人际网络中的信息总量,避免其自然减少的各种技术。但是,出于这种意图,远程通信技术是第一个通过系统方法生产新信息的技术。与所有对话都息息相关的核心问题在于:为什么对话能够生产信息量丰富的情况,而不是像大自然那样造成信息遗失,将自身的危机呈现给远程通信社会呢?这个问题可以分成以下几个方面:远程通信技术如何系统地去除多余信息,仅保留有用信息,即它如何过滤那些沿着其线路传递的信息流;远程通信技术如何区分多余信息和可用信息,如何判断信息并使用什么样的筛选标准。这些标准、这种过滤、这种决断正是自由之根,因为这种非自然的筛选机制和这些标准的设计与建构是一种不会遗忘、不被遗忘也永不消逝的决断的手势。

这个问题将我们引向"随机"(Zufalls)一词的变体,即"衰朽"(Zerfall)、"事故"(Unfall)、"废物"(Abfall)和"想法"(Einfall)。每个对话都会设置过滤机制,摒除"衰朽""事故"和"废物",允许"想法"进入网络。显然,所有这些"随机"的变体都是有价值的:在谈论标准时,我们谈的实际上是价值。但是现在,我先把过滤的问题、决断的问题从价值语境中抽离出来,假设过滤的信息没有价值,信息的过滤也并非一个伦理与美学的抉择。

如果两个容器之间有一条通道,我们把热水注入一个容器,把冷水注入另一个容器,一段时间后,两个容器里都是温水。这个寻常现象解释了热力学第二定律。但如果这条通道中装有过滤器,它仅允许来自热水中的低温分子和来自冷水的高温分子通过,那么一段时间后,一侧水会更热,而另一侧则更冷。这种过滤器即"麦克斯韦妖"①。可以说,这个过滤器在两个容器

---

① "麦克斯韦妖"(Maxwell's demon)是英国物理学家詹姆斯·麦克斯韦(James Maxwell)于 1871 年提出的一种假想。——译者注

之间建立了对话,导致了一种可能性低的情况,即信息。从这个角度看,这种非自然的联系解释了人类的对话,尤其是远程通信的对话。

"麦克斯韦妖"是一种自动机制,它不仅会自动过滤,还会自动决定允许哪些分子通过。它根据低温分子和高温分子之间的差异作出决断,借助温度计来自动识别分子的情况。因此,在"麦克斯韦妖"的问题上,我们面对的是一个自动的审查器和评判器,当然,这种自动的评判机制必须事先由麦克斯韦编排。他必须指示它:右侧方向只许高温分子进入,左侧方向只许低温分子进入。这就引出了一个问题,即麦克斯韦自己是不是也被程序安排来为"麦克斯韦妖"编程呢?

一切看起来似乎是这样:这种自动的评判器和审查器只能用于那些无所谓价值可言的信息。我们用温度计之类的装置就能对这些信息作出评判,但当道德的、政治的或美学的信息出现,这类装置似乎就不能用了。那么,装置如何能够决定哪种行为模式就是最好的、哪部电影足够感人,进而使得美好、动人的信息进入对话网络呢?乍看上去,价值的度量似乎不能像温度计那样运作。

但是,这个想法是错误的,信息学与命题演算告诉我们如何像使用温度计那样度量价值。信息学认为,原则上,既定情况包含的信息都是可以精确测量的,无论它包含哪种类型的信息,只要将热力学第二定律的公式反转过来就够了,待测情况中每个元素的罕见程度(每个信息碎片的罕见程度)都可以被精准判定。这种测量可以在人们希望的任意情况下展开,例如,测量一个德语文本包含的信息。在德语中,"X"是一个罕见字母,它在待测文本中出现的频率越高,则这个文本在文字的层次上具有的信息量就越大;反之,字母"E"出现的次数越多,这个文本在该层次上就越多余。文本也可以在单词、句子、韵律、风格等角度上进行度量,而不引入除罕见性之外的任何标准。当然,这种度量也适用于对所有类型的信息,包括图像。人们只需设置诸如"麦克斯韦妖"之类的自动测量设备,它可以自动决定让什么样的元素通过、不让什么样的元素通过。于是,这就变成一个纯粹的技术问题。实际上,信息包含许多层次,人类不可能一一列举,逐个度量,但是人工智能可以用更快的速度完成考量和计算。如果技术朝着这个方向发展(现在正在这样发展），那么在可预见的将来，自动评判器将不仅会取代人类评判者，而且会比人类评判者拥有对情况的更深刻的认知。

命题演算说明价值是可以考量的，价值是必要的，应当成为命题。例如，尊重旁人的生命就意味着一种必要："不可杀戮。"任何种类的命题（包括必要的命题在内）都可以转化为功能性命题，这种命题是指令性的，可以表述为"如果……就……"的命题。例如，"如果下雨了，我就会打伞"。然而，当我们把命题转化为"如果……就……"命题，就发现其中存在明显的缺失之处：从"不可杀戮"变成"如果你杀人，那么……"。当然，填写缺少的部分并不困难，例如，"如果你杀人，你将下地狱、进监狱、被缉捕或其他什么"。但是，如果命题存在这种缺失，那么其就变得毫无意义，它们包含的信息水平与狗吠相当。当缺失的功能性部分被填上，它们才可以被考量。换句话说，命题演算表明，价值其实是无意义的，而在获得意义时，价值就不再是一种品质，而是可以被量化的东西。例如，"如果你杀戮十人，你将被判终身监禁，或因勇敢而获得勋章，或者其他"。我们可以把这种自动测量方法设置在"麦克斯韦妖"中，然后它们就能自动作出允许或拒绝哪些价值（道德或美学上的）的决断。

这样看来，远程通信技术似乎不仅能在创造的过程中，而且能在决断的过程中替代人类。在此前的章节中我也曾试图证明，即使在信息技术和命题计算方法远未成熟、远程通信技术也尚未真正运转其功能的当下，大多数决断也都是被自动作出的。从这个角度来看，远程通信技术似乎不是信息生产的革命或为这种革命作出的准备，而是决断的革命，是信息评判意识从人类到自动装置的转移，是自由的终结。

如果这是个正确的观点，那简直是令人无法接受，因为这意味着作为评判者与选择者的我们将被抛弃。幸运的是，不论前文内容能够多么准确地概括当前的趋势，它还是存在一个裂缝。这个裂缝就在于，那个编写"妖"程序的麦克斯韦是必须存在的。在这里，我并不是说"每个程序背后都必然存在编程者"这种乏味（而且是不正确的）观点。我的意思是：这里不仅存在一个被编排的决断，还存在着一个是否要用这个被编排的方式作决断的决断。在此，我们遇到了前文指出的危险，即自由的问题陷入无限回归的空虚。然而，我会尽量避免这种情况。

　　首先,产生自动评判工具的目的是要将信息生产与信息评价明确分开,因为在前远程通信的语境中,两者是结合在一起的。在那里,生产者会自己决断:哪些观点放入对话网络(发布),哪些观点要被保留。他们不仅在信息生产完成后作出决断,而且生产信息的过程中就不断重复进行着这种决断。例如,画家从自己正在绘制的画作前后退几步,来评估这幅画。这其实涉及一种精神的、意识的分裂,它可以在远程通信的语境中得到解决。在这里,信息产生的手势可以由装置做出,而人们则自由地专注于信息的评价。例如,摄影师将制作图像的过程完全托付给照相机,而自己只负责筛选图片,而这种筛选可以决定接受还是拒绝以这种方式制作的图像。穆勒-波勒(Müller-Pohle)的著作《转化》(*Transformance*)就是一个例子。换句话说,信息生产的自动化使每个人都可以成为评判者。在考虑按下按键的时刻,人们能感受到自己纯粹的判定,即自动机所遵行的决断。

　　其次,我们还面临另一个问题:应该把这种不涉及生产的评价置于对话网络中的什么位置呢? 它应该在生产信息的键盘前、在接收者的终端、在终端间的通道中,还是存在于所有这些地方呢? 这是一个前远程通信语境中的,所谓"内部评价"与"外部评价""自我批评"与"他人批评"的问题。因此,它最终必然会引出关于自由的问题。然而,在远程通信的语境中,这变成一个技术问题。在前远程通信语境中,这个问题是迫切的,因为外部评判、对他人的批评(在通道中根据标准来调节信息的过滤机制)永远不能与自我评判或自我批评相吻合。但是,在远程通信环境中,这个通道是可逆的。当所有人都是评判者时,他们既是自己的评判者,也是其他所有人的评判者。实际上,只有在这种对话式的评判中,信息才出现。简而言之,在远程通信的语境中,这种评判将广泛分布于任何在技术上可行的地方。

　　而这也引出了第三个问题:我们是否能使这种评判自动化? 这样一来,人们就不必通过逐一检视网络中运行的所有信息来筛选那些具有丰富信息量的内容。这种自动机制会保证所有对话都是负熵的,它不仅会自动去除所有多余之物,比如闲言碎语、低俗产品,而且还能从存储器中清理它们,就好像这样的意外事故与多余的东西从未出现一样。这意味着,这种自动评判机制会被校订为信息和逻辑的规范化标准,它用这种方式扭转了此前的评判机制：使通过其间的东西都变成富有信息量的（我们可以轻易发现，这种评判机制的转向已经被付诸实践），而不是让信息量丰富的东西通过。这样一来，人们可以自由地只作至关重要的决断，即与自动评判机制的编排有关的元决断。我认为，前面这些内容就是安装"麦克斯韦妖"的三个步骤，这些步骤通往更辽阔的自由。

然而现在，我们发现这些步骤走入了虚空，因为若所有标准都是被量化的、客观的，那么，就不存在需要作的元决断了。无论是反驳还是元决断，都不可能对已经决意将登月火箭引向某个固定方向的计算机进行重新编程。然而，这并不意味着自动评判机制将取代我们成为决断者，因为所有自动评判机制都将相互联系，同时也将与人类联系在一起，所以一切决断都将作为所有其他决断的功能而作出。我计划在下一章进一步研究这种自动化的决断模式。在这里，我仅假设，在这种自动化的条件下，人类必然会继承否决的权利，因为只有人类而不是人工智能才有能力全然拒绝这一切。这不是因为人类开启了这一切，而是因为他们具有抽象的能力，在这个意义上，人类超越了一切（在这一观点上，我避免进一步冒险沉入无限回归的虚无之中）。

事实上，在远程通信社会，我们会逐步被那些成为信息生产者与判决者的自动机取代，但我们会保留拒绝的权利。人类对自然熵的反抗会自动运作，但这种运作不一定会伴随着自动介入。未来，所有人类的决断都将变得可有可无，而且这种决断被实施时还将产生干扰性或失调性的后果，但从理论上讲，人类会始终保有在任何时刻阻止任何事情的能力。这个停止的命令、否决的权利、拒绝的能力，就是我们称之为"自由"的反面决断。

这种自由的反面不应该被妖魔化，不能用魔鬼般的"我就是永远说不的精神"来定义它。我们自由，是因为我们能够对一切说不，能够毁灭自己。然而，这并不是说自杀就是自由，而是说，它在任何时刻都意味着一种可能——自由不是永远拒绝，而是永远保有拒绝的可能性。这就是为什么远程通信是一种自由的技术，因为它从所有情况（甚至是不得不作出决断的情况）中逐步解放了我们，扩展着我们对根本性自由的认识，甚至是抗拒远程通信技术本身的认识。有了这种认识，我们可以从容地进入远程通信的冒险，即使我们不是执行者和审查者，但我们将始终握有裁决的权利。

# 第十五章　统治

　　在技术的宇宙、远程通信图像的宇宙中，没有创始者与当权者的位置。两者都因信息生产、复制、传播和评判的自动化而变得多余。在这个宇宙中，图像支配着个人和社会的经验、行为、欲望与认知。这种情形引发了一个问题：当人们不再需要作出评判，行政管理也变得自动化时，统治（herrschen）意味着什么？在远程通信社会中，谈论政府、权力和执掌权力的人仍有意义吗？我将尝试从词源学，也就是封存千年经验的那些语言根源的角度，来回答这些问题。

　　人们面对着"government-Regierung"①这对奇怪的词。"government"一词来自希腊语动词"kybernein"，意为"掌舵"，它可以放在控制论中理解。德语单词"Regierung"来自拉丁-伊特鲁里亚语中的名词"rex"，意为"国王"，其词根为古老的"rg"，意为"公正"。乍一看，"government"关注的是掌舵、控制与税收，"Regierung"指涉的是法理与制度。"government"的对立面是一艘无舵的船，在风浪中漂泊（被偶然性牵引着），而"Regierung"的对立面则是不法与不公（偶然事件引发的混乱）。在某种程度上，两个概念都带有将偶然事件负面化的意味，所以它们在字典中是可以互译的。但实际上，"government"的意思是"掌舵"，"Regierung"的意思是"评判"。因此，诸如"正义的'government'"或"左翼的'Regierung'"的表述就像在形容一种

---

① "government"与"Regierung"分别是英语、德语中表示"政府"的单词。——译者注

方形的圆那样不当。我们应该从两个角度思考偶然性。

德语单词"Macht"（权力）来自动词"mögen"（想要，希望），其名词形式为"Möglichkeit"（可能性）。英语中"power"来自拉丁语动词"posse"，意为"能够"。法语"pouvoir"和葡萄牙语的"poder"也都来自"posse"，但它们是指称动作的名词，实际上它们应该翻译为德语的"das Können"（能）。然而，德语中也有"Können"的名词形式，即"Kunst"（艺术）。因此，应将"pouvoir"译为"艺术"，而不是"权力"。所有这些概念使我们意识到，"可能性"意味着在"极有可能"与"不太可能"之间摇摆，而艺术就是将"极有可能"变为"不太可能"。所以，"Macht"意味着一种艺术，即利用不太可能的意外事件为对象赋予信息的艺术。

德语单词"herrschen"（统治）来自"Herr"（主人，领主），意思是"höher"（高级的）。这种优越性更好地隐藏在英语"domination"（统治）这个单词里。它来自拉丁语"domus"（房屋），是指房屋的主人对自然的征服、驯化或统驭。住在一座房子的人群被视为一个由很多部分（"leges"，法律）组成的框架，主人可以确立秩序。这样看来，"统治"意味着建立一个优先程度的顺序，以便结构世界上那些无主之境和蛮荒之地。统治意味着"制定结构，提供信息"。

人们可能已经想到，对词源学的发掘表明，"government""Regierung""Macht""power""herrschen"以及"Domestikation"这些我们斟酌过的所有概念共同具有一个根本的含义，那就是对抗随机性（反对无政府状态）和建立结构。这些词从本质上都表明，政治是一门艺术（如果"艺术"指的是一种在无形的事物上施加形式的方法）。从本质上讲，所有概念都是与信息相关的概念，它们似乎只有在远程通信社会中才能充分获得其意义，因为技术图像不正是这种被施加于无形之上的形式吗？

当前，对于"远程通信社会中会有什么样的政治结构""是否会存在政府与权力"这样的问题，尚有不同回答。如果将政治理解为一种赋予信息的艺术，那么问题就变成了"如何"而不是"是什么"：在远程通信社会中，统治、权力行使和司法管理如何进行？从网络中我们就可以得出明确的答案。在这里，我将"cybernetic"（自动化）定义为对复杂系统的自动指导和控制，以利用发生可能性较低的偶然事件生成信息（这个定义不追求普遍适用性）。

各种迹象表明，我们正在快速接近这种自动统治的社会。实际上，是社会已经开始转变为被自动统治着的社会。毫无疑问，这种新社会的结构越来越像一个大脑，技术图像作为全球性神经系统产物的观念和关于超级大脑的梦想都浮现了出来。这种观念与梦想可以被视为大脑功能的自动化管理方法。简而言之，这里的观点是：人类追求构建的全球性大脑通过技术图像被自动控制着。这是对远程通信社会的一个隐喻，而且，它甚至没有乍看上去那样具有隐喻性。

现在，我要从未来的远程通信社会中人类的角度进入图像领域，探寻这片土地上人类存在的方式。我置身于技术图像的宇宙之中，而不是在其入口逡巡。我坐在终端旁，接受以电子图像的形式发来的信息，使用按键来更改这些信息，然后发送出去。我无法左顾右盼、瞻前顾后来观察自身所处的宇宙，因为我的目光被电脑屏幕上闪烁的图片控制着。然而，我也不需要环顾四周，因为我可以通过终端看到任何想看的东西。

例如，当我按下某些按键，昨日即刻重现：我可以置身于罗马建立和美洲大发现的时刻，或者置身于奥斯威辛的熔炉旁。当然，我知道自己是在看视频而非身临其境，但是我也知道，我所看到的远比此前历史书中的情况更为具体。因为如果我不接受某个特定的事件，我只需要按其他几个按键即可更改它：我可以让柏拉图而不是哥伦布去发现美洲。我们只有那些被储存起来的能够被今日的我们去重访的历史，除此之外，我们没有历史。

如果我再按下其他键，所有模型都会出现在屏幕上，它们解释这个现在的过去或过去的现在：从亚里士多德到现代物理学，从德谟克利特到马克思，从苏格拉底到弗洛伊德，所有曾经被构想的神话和科学模型都可以得到解释。再摁一摁某些按键，我就能够计算所有这些模型，观察它们在何种程度上互补或矛盾。例如，我可以建立"天主教-弗洛伊德-马克思主义"的模型，当然，还要在其中加上自己的元素——想象力使我能够游戏所有理论。

再按下相应的按键，我还可以将当前出现的一切（不论是事件还是理论）投影到未来，让它们呈现出来。终端背后的人工智能被程序编排去计算可能性，它可以将奥斯威辛集中营转移到 30 世纪，预测弗洛伊德尚未建构的所有模型。此时,我可以在屏幕上看到所有这些可能,而我自己也可以通过按下相应的按键,把自己的信息碎片加入未来,影响未来。因为如果一切都在于当下,那么未来便不复存在了,那个曾经的未来变成了现在的可能性游戏。

我可以即刻获得所有信息。我可以通过相应的按键将兰斯大教堂和林肯中心融合,在这个过程中合成新信息;可以把耶稣的预言翻译成图片并与巴赫的旋律调和在一起。简而言之,整个宇宙成为一个巨型游乐场,在终端等待着我。

尽管这种游戏似乎非常有趣,但它只存在于我所生活的宇宙的外围。例如,通过按正确的按钮,我可以理解以前尚不明白的内容,看到以前见所未见的东西。终端背后的人工智能程序可以使概念(例如分形方程式或辩证唯物主义等)更清晰;它还可以从现象中析取概念,例如,从网球比赛中析取运动的方程式,从博罗罗印第安人的神话中析取逻辑命题。我可以在屏幕上看到不可思议的现象及其解释,例如左右手的一致性或莫比乌斯带上的移动。我可以游戏前所未有的东西、异乎寻常的情况,并用这种方式扩展我的宇宙。

尽管这种化无形为有形、化无声为有声的创造行为令我深感震撼,但我仍未进入宇宙的核心,因为我知道,在我的终端及终端连结的线路上还存在其他人。这是因为当我按下既定的按键时,其他人发给我的消息会以图片形式出现在屏幕上。而且,我可以让来自其他凝想者的图像出现在我的终端上——如果我愿意,并且他也愿意;他也可以让我的图片出现在他的终端上——如果他愿意,并且我也愿意。我们感受到彼此的存在,在对话中达成共识。从理论上讲,"我们"意味着"每个人"。

通过识别和认同其他人,我的图像游戏具有了社会性游戏的特点。在这个游戏中,我对图像所做的每次改变都是对一个问题的回答。同时也是对其他人的提问。这些问题会被广泛地改变,然后作为一个新问题返还给我。在这种高度责任化的互动中,最主要的不是展示了什么,而是它来自谁,要发送给谁。我所游戏的图像不是以某种特殊方式独立存在,而是在共存中存在。

所有这些过程以光速进行。这意味着，一方面，一切事物出现，然后又瞬间消失；另一方面，从永久性存储器中浮现的内容为了再次沉浸其中而发生了改变。光速意味着所有时间（过去、现在、将来）在登上屏幕的瞬间聚合在一起，也就是聚合在"当下"这一刻。但同时，这也意味着所有人类——无论他们身在何处——都在当下与我同在。我可以置身于世界上的任何地方，光速使所有的空间（现实、可能发生的事、不可能发生的事）集结在屏幕表面，集结在"此处"这一点。由此，一切都在今时此地，我也可以在此改变一切。所有他者在今时此地与我共处，我的宇宙是与所有他者共存的、有着无穷空间与永恒时间的创造性的具体结点。

在这里，我试图讲述的是一种狂热的投入与澎湃的精神，就像沉醉在艺术与科学创造之中，在政治行动、革命宣言之中，在国际象棋和轮盘赌局、股票市场和春梦那些令人魂牵梦萦之物的综合体之中。这是一种精神状态，它不会像性高潮那样加剧，然后消失，而是保持自己的狂热状态，终生不会中断。因为这种精神状态不是来自身体，而是来自大脑。图像正朝着这个方向发展远程通信社会：朝着持续的脑性的高潮迈进。

当想到要离开这个新宇宙时，我承认自己感到恐惧（感谢上帝，我不会经历这种离开）。但是，我知道自己应抵抗这种恐惧：对作为哺乳动物的人类而言，这是一种古老的恐惧；在人类超越哺乳动物的本质，迈向更伟大精神的每一步中，这种恐惧都会出现。如果能克服这种恐惧，我就能看到是什么令我感到沮丧，即图像王国中的纯粹的美感。所有伦理学、本体论、认识论都被排除在图像之外，而质询事物是好是坏、是真实还是人造、是符合事实还是虚假伪制、"意味着什么"这些问题都变得毫无意义。唯一仅有的问题是：我能体验到什么（aistheton，体验）。有了体验，有了"纯粹的美感"，主动与被动、做出某件事和承受某件事之间的区别就会消失，因为体验既是主动的，同时也被动的。这种体验的特征在于行动和被行动之间的"自动化反馈"，而这种反馈正是图像发挥支配作用的方式。

在现代语言中，主动和被动的动词形式之间存在明显区别。"我照顾羊"和"羊被我照顾"用相反方式呈现了相同情景，而"羊照顾我"是与第一句意义相反的情况。但是，在古老的印度-日耳曼语系和闪米特语系中，有某些可以被表述为"存在对我和对羊的照顾"的形式（例如，希腊语的不定过去时）。我所构想的由图像主导的远程通信社会正是朝着这种模式发展，在确立共识的过程中，主动和被动之间的差异将被暂时搁置，共同服务于功能性命题。

例如，f(x,y)函数可以这样理解："照相机与摄影师是照片的函数。"在我看来，"图像如何统治远程通信社会"这个问题只有一个答案：图像与社会就是凝想力的函数。而正如我早前曾说，这个答案令人惊骇的地方在于所有政治范畴都被排除在外。在这种新兴的、意识的功能自动化层面，从犹太-基督教到马克思主义及其他，所有历史的、政治的思想会因无法适应远程通信的环境而被抛弃。因为在那里，不会区分行动者与承受者、规制者与被规制者、统治者与被统治者。在那里，一切都是其他功能的功能，统治就是这些所有功能的连接。这样一来，大脑再次成为一种模型：在大脑内部，所有细胞与细胞间的运作都存在于一种自动交互之中。这就是大脑统治我们与我们统治它的共同方式。

为使这种情况更加清晰，我用蚁群模型比喻大脑的模型，因为蚁群也可以被视为一种由如马赛克般的单个蚂蚁大脑组成的超级大脑。由于昆虫无法达到灵长类动物的大小（随着昆虫的生长，它们必须周期性地脱下保护壳，在无保护状态下，灵长类动物的体重会碾压它们），它们只有组成超级大脑（例如蚁群）才能获得堪比人类规模的大脑。根据这个模型，我们可知远程通信社会是一种结构。在这个结构中，人脑遵循与蚂蚁大脑相同的自动化方法，它们相互作用，整体功能占据主导地位。

尽管文化批评家可能喜欢这个蚂蚁的隐喻，但它也有其局限性。与蚁群不同，远程通信社会没有可以想象性运作的"外部"空间。我们生活的社会是全球性的、普世的社会，它也因此是自成一体的社会。图像不是社会的外来之物，而是其内部的产物。在这个社会中发生的，是纯粹的联结、幻想，是全球性超级大脑的梦想——"纯粹的美感"。在这里，艺术取代了政治，或说艺术掌握了权柄。

所有这些都具有大脑的、脑性高潮的特征。就像蚂蚁们一样，一切都集中在它们的大脑与触角上，而身体的其余部分仅仅是肠道的延伸。对于远程通信的个体来说,万事都聚焦在大脑和指尖上。同时,由于一切都与大脑有关,这个社会对新信息、新尝试的需求是无穷的,源自大脑的好奇是永无止境的。而且,由于脑性高潮不是身体性的,所以它永远不会涣散。这目前还需进一步研究。

# 第十六章 收缩

远程通信社会是一个独特的"蚁群"：它具有马赛克状结构，其所有的功能都通过网络进行自动交互；它之所以独特，是因为远程通信中的蚂蚁居于自己的一室，在其中编织幻影、技术图像与纯艺术，但并不工作。通过梦幻而神秘的超级大脑，个体大脑能连接彼此，也与人工智能建立连接。然而，身体如同一件不合时宜的附加品。大脑要依附身体，而身体则需要营养与繁殖，也终将死亡：它是一种干扰性的因素。

这些身体、干扰性因素和远程通信游戏中的前通信性因素不可能被完全抹去，所以，它们会被推向视野的边缘，抛到那些凝视屏幕的游戏者身后。对身体的思考与关注、对前远程通信社会的回溯会促使身体趋于卑微和乏味。它们将收缩起来。事实上，那些身体性的、庞大的一切都已经开始衰退。让我来证明这一点。

在现代的最后阶段，有一种事物体积趋于过大的趋势。从机械到帝国，从体育运动纪录到需求，一切都变得巨大。然而在当前，我们可能察觉到一种反应、一种逐渐通向微小的趋势，就像小型哺乳动物面对巨型恐龙时缩作一团那样。即使在现代的晚期（20世纪初），微小之物（原子、量子、微积分）已经变得引人瞩目，这种瞩目中蕴藏着新的希望与危险。显然，"庞然大物"（超乎人类的尺度）这个概念不仅适用于极大的物体，而且适用于极小的物体：一个原子核可能比一个星系还要大。这种从扩张到收缩的态势的逆转已经表现在各个方面，"小即是美"或"少即是多"就是在宣扬这种逆转。如果这个世界行将终结，那么我们所听到的将不再是"神奇号角响彻四方"[①]，因为"世界的终结所伴随的不是一声巨响，而是一声呜咽"[②]。

一切似乎都在变小，只有欠发达之物仍希望增大。当然，增大后大概又会渴望缩小。尤其是当前的焦点——设备，正在变得日益精巧和廉价，趋于隐形和免费。然而，正在形成的远程通信超级大脑将是个庞然大物，而它完全是由小碎块组成的马赛克。

过去，人们把当前这种体积的收缩合理化，称为"增长危机"，并提出了诸如"氧气和能源的耗竭"或"环境保护"之类的观点。但是，这种收缩更具深意，它指向一场正在推进的人类存在性质的变迁。人们对身体的兴趣减退，转而关注无身体、无实物、非物质的信息。因此，体积越小，意味着越好。这不会造成太大的影响，甚至可以被忽略。私人电脑胜过尤尼瓦克[③]，老甲壳虫汽车胜过新奥迪，亚利桑那州破旧的活动房屋胜过卢瓦尔河上的城堡，快餐好过盛宴。附加的东西越少，就意味着越好，那些体积巨大、系统庞杂之物是令人烦忧而鄙视的，尤其是这里提到的未来社会的全景。在远程通信社会的成员，也就是那些如蚂蚁般精微的人类眼中，臃肿庞杂的社会是令人生厌的。

顺便说一句，从这一观点出发，人们能从更新的角度认识到图像对文本的超越。在图像中，无数字行被纳入一个表面，小巧的图像可能比厚重的书本承载更多信息。图片胜过文字，是因为它们不像皇皇巨著那样令人厌烦。因此，文本指向的并非远程通信社会中的蚂蚁，而是前远程通信社会中的哺乳动物。这首先因为它是全景式的，其次因为它是一个文本。

这种对规模、形体以及自己身体的蔑视有着各种各样的来源，其中之一如前所述，是对以前曾出现的、巨型身体的反应。这些庞然大物的遗迹给人们带来对粉身碎骨的恐惧。另一个则是"伟人"的多余性。在我们对第二个来源寻根问底、抽丝剥茧之前，先来讨论第三种来源，即所谓性革命或性别

---

① 原文在此引用了拉丁语短语"Tuba mirum spargit sonum"，出自莫扎特所作的《安魂曲》。——译者注
② 出自英国诗人托马斯·艾略特(Thomas Eliot)的诗歌《空心人》(*The Hollow Men*)。——译者注
③ 尤尼瓦克(Univac)，即世界上第一台商用计算机。——译者注

解放，它主要关于一种从生殖中释放力比多、从生物学中把性欲解放出来的技术。它不仅涉及节育，而且还涉及通过精子库、卵子库和孵化器推进的繁殖的自动化。由此，性高潮成为性爱的唯一目的，其第一个无害的结果在于使妇女摆脱必须生育的诅咒。第二个结果则在于，人们发现产生性高潮的地方不是性器官，而是大脑。真正自由的性欲不仅不关涉生殖，而且与任何身体层面的事物无关。这导致人们首先鄙视别人的性，然后鄙视自己的性，最后鄙视自己的身体，这种鄙视第一次显露于嬉皮士文化，现在则表现于随处可见的怪诞装扮中。例如，女性运动并不主张两性之间的割裂，而是支持摒弃性别差异，正如"黑即是美"并非主张所有种族一律平等，而是主张轻视身体的差异。简而言之，伴随着对身体的蔑视，人们会失去对所有生物性标准的兴趣。

尽管如此，我们当前对物理性规模、身体与体积的蔑视，代表着一种对先前所有兴趣的逆转、疏远或讽刺。体积和身体变得荒谬、乏味、不值一提（不值得关注）。现在，人们真正关心的是信息生产中精微的考量与计算。人们的兴趣已经产生转向。

在过去，我们可以明显察觉到这种转向，它们是罕见的，也引发了人类存在方式与世界的转向。奥特加①认为，这意味着一种新"信仰"（creencia②）的出现。他清楚地将"拥有我们"的兴趣领域（信仰）与我们拥有的"个人化的兴趣"（想法、观点、知识等）区分开来。这里，我举两个例子来回望历史上类似的人类兴趣之转向。在公元 2 世纪和 3 世纪，人们开始蔑视那些以前令他们感兴趣的事物（例如罗马帝国或希腊哲学），并对新事物产生兴趣。用奥古斯丁的话来说，"Deum atque animam cognoscere cupisco. Nihil-ne plus? Nihil"（我想认识上帝和灵魂。如此而已？ 如此而已）。以前那些让人兴致勃勃的东西并没有消失，只是它们收缩，继而被新的兴趣领域所吸纳和改变。例如，帝国变成基督教国家，哲学从属于神学。第二个例子发生在 15 世纪，当时，人们突然开始轻视自己以前感兴趣的东西（例如经院哲学的

---

① 奥特加·伊·加塞特（José Ortega y Gasset）是 20 世纪的西班牙思想家。——译者注
② 西班牙语，意为"信仰"。——译者注

推演），而对自然与精神这些新事物萌生兴趣。用哥伦布的话说，"Gratias tibi ago, Domine, vidi rem novam"（"我看到了新的东西，感谢上帝"）。这并不意味着人们早先感兴趣的东西凭空消失了，而是它们收缩，被一个新的兴趣领域吞并。例如，人们把经院哲学关于"共性"的辩论纳入经验主义和理性主义认知的科学理论，使它服务于发现与创造，服务于那些使自然驯服于认知性人类的技术。

通过这些例子，我把人类当前的兴趣转向（在文中其他地方，我称之为"新意识层次的出现"）纳入视野。新的兴趣领域——这个对无限小的瞩目、对考量和计算的关注，已经开始"拥有我们"。一方面，正如奥特加认为的，它们已成为我们的信仰；另一方面，我们过去曾"信奉"的科学和技术则将不再"拥有我们"，而是"我们拥有它"。科学与技术并不会消失，而是被新的信仰吸纳，为其提供支持。它被用于满足我们考量和计算图像的需求，而这些图像则是我们的新信仰（当前"拥有我们"之物）。从这个意义上讲，即使作为方法的科学与技术会呈指数地扩展，但从本质而言，它们将收缩并将被新的兴趣领域吸纳。我们不再俯身于（处于"迷信"状态）科学技术；反之，科学技术将居于人类身下。从现在开始，这种"迷信"将出现在图像中，而图像将凌驾于我们。科学技术即将发生的变化在于，它们将从属于图像计算。

在本文开头，我谈到了线衰变为粒子，过程衰变为量子。从奥特加的角度，我谈到了信仰的衰变。当前，我们的兴趣开始聚焦于点，而实体以及从中抽象出来的所有物体（表面、线）则被边缘化。我们借助装置来考量和计算点，试图将其转换为马赛克图像，而正是这些图像使我们兴致盎然。"如此而已？如此而已。"新的想象力氤氲在我们内部和周围，技术图像的宇宙从中生发。

在这个宇宙、这个兴趣领域的边缘，过去的一切仍在继续——科学、技术、政治，简而言之：历史。在很长时间里，我们中的许多人将仍旧对此感兴趣，然而从现在开始，这些兴趣本身就存在于技术形象的空间中。正如文艺复兴之后的很长时间内（直到今天），许多人仍沉醉于基督教思想一样，但这种兴趣在现代空间中也发生了彻底变化（例如宗教改革）。科学、技术、政治（简而言之，历史）将发生剧变，这种变化之剧烈会使它们更易其名、面貌皆改，它们将服务于一种凝想力的游戏。

接下来，我再举一个例子，说明科学（物理学话语构筑的宇宙）在新的兴趣领域中的这种收缩与变化。曾经，宇宙是一个无限而永恒的三维结构的宇宙，在这个宇宙中，物体依循线性时间从过去流向未来，似乎同样是绵延永恒的。然而现在，这个宇宙已经缩成一个残喘于瞬息的气球，它在第四维度中布满褶皱，充斥着各种可能性。这些可能性可以被理解为一个不断膨胀的、空洞的实体。这样的宇宙中没有任何具体的东西，但它可以被考量和计算。然而，不仅是宇宙，话语也可以被考量和计算。或许没有人会信奉这些东西，但只要被赋予想象的能力，人们就可以游戏它。物理的宇宙和物理学的话语可以被想象成终端上的图像。

这种对身体（包括我们自己的身体）最初的漠视，对点（包括我们的指尖）的关注的兴起，从胃、性器官、体积到概念性触角的兴趣转向，就是新社会的核心。在前文中，我描述了潜艇冲破冰层的图像，新的兴趣以及随之而来的技术图像的宇宙就像潜水艇一样崛起，而那曾经充满趣味的一切，则像海底的鱼一样滑向兴趣的边缘。因此，我们可以把新兴的凝想的力量看作对过往所有趣事的否定，对过去备受尊崇之物的讽刺性的漠视。同时，如果说"不"是自由的标志，那么人们可以坚信，万物不断发展的趋势会在脑性层面将我们从身体性中解放出来。

实际上，以这种方式被否决的身体会收缩和改变，但不会消失。作为哺乳动物，人类需要基本的营养，也终将死亡，虽然那种死亡可能会与现在的方式有所不同（逐渐地、在指定时间并且无痛地）。因此，人类也必须繁殖，哪怕是最低程度的繁殖。这意味着即使在远程通信社会中，人们也将需要类似经济基础设施这样的东西，因为人类不可省略的身体需要获得其他物质带来的东西（例如营养）。对于我们这些前远程通信社会中的哺乳动物而言，新社会的经济结构是个有趣的问题，因为我们把这个问题视为身体的痛苦和死亡的问题，但对远程通信社会的成员来说，这个问题则是乏味的。因此，我想暂时搁置这个问题，在下一章中进行更详细的讨论。而在这里，我从"说不"的角度再次审视人类对身体的拒斥及由此导致的收缩。

不论怎样从与其他生物的对比中定义自己（无论作为存储信息的生物、

对抗熵的生物,还是拥有思想、精神或灵魂的生物),人类总是作为试图超越其物理、有机和生物条件,追求智性、思想性和精神性的生命形式而存在。也就是说,这是一种试图贬抑自身身体以及与之相关的一切实物的生命形式。当前,人们对所有物质、实体和实物性存在的排斥已达到一个新的高度。我们变得越来越去实物化,我们的文化元素也正在抛却实体。比如今天,人们崇尚窈窕身姿、小型家庭,组建压力集团、微型恐怖组织,在后花园里烧烤,用风力发电机代替核电站,或者在车库里自己动手修车。但重要的是,我们要避免混淆当下这种对物质性事物的拒斥与此前犹太-基督教对感官愉悦的排斥。

犹太-基督教文化将人类身体视为罪恶的容器,灵魂将从这里获得解放,而我们生活的世界则是一系列陷阱,倘若深陷其中,我们就会在通往救赎的道路上被捕获。因此,犹太-基督教教导我们不要理会那些"纯粹"物质性的东西。但是当前,在追求智性的道路上,我们处于一种更高的层次,身体不再引诱我们沉溺其中,而是干扰我们。于是,我们借助各种学科的知识(例如核物理与控制论)以凌驾于身体,我们也发现,有意识地操控精微之物可能比掌控巨物更加有效。例如,微量浓缩铀带来的影响可能远远超过一百万头麝牛造成的影响,而一小部分能进入纽约电网的恐怖分子对美国经济的冲击可能比百万大罢工更为严重。我们知道,身体体积并不是一个正向机能,微末的起因可能产生巨大的影响,厚重不一定意味着优势;相反,如果把身体(我们自己的和他人的身体)作为游戏的一部分,则它们越小,就越是有趣。例如,那些表面看来向身体致敬的行为(日光浴、裸泳、慢跑和健美运动)实际上显示出对身体的蔑视,因为它们使身体降低到玩具水平。这个玩具般的身体越小,它对我们参与的真实游戏(非物质性信息的游戏)的干扰就越小。

放眼远东,我们可以看到一幅淡漠的世界图景,那是一个由瘦削的、被凝缩的实体组成的世界:一个由低树、矮公鸡、被绑束的脚、便携小厨炉、精巧的文字、在透明纸上面用灰色小刷子刷出的精微艺术、围棋组成的世界。它也是碎片、微型装置以及小番茄作物的世界。抗拒巨物与身体是远东的文化特征,因此,罗马人称中国为"淘金蚁之乡"绝非偶然,远程通信技术的革命在日本迅速扎根也绝非偶然。远程通信社会对身体的排斥并非与犹太-基督教对肉欲的抗拒相通，而是与儒家的微型化之间存在共鸣。当我们谈到远程信息社会的"全球性"时，意味着它将首先指向中国人。技术图像可以被视为一种新的表意形式，尽管它们是在西方文化中形成的，但随着字母表的逝去，西方将融入东方。

远程通信社会中的人们排斥实体：固体、实物、物体。这意味着所有远程通信者甚至那些看似对纯信息游戏不感兴趣的人，都希望投入有机感觉的生理状态。所有人都会感受到远程通信技术的牵引力，被带入其轨道，客观世界将在他们眼中变得晦暗不明。这个世界会变成"无限制的"（在我们尚未理解的意义上）和自由的（以我们所说的精神的方式），也走向它想去的地方。这是一种给人以吸毒般感觉的自由，一种无视客观和条条框框的世界的自由——迷幻的自由。技术图像是迷幻的。

抗拒一切客观、有形、实在的事物，就是抗拒所有本体论、认识论和伦理学，趋向于"纯粹的美感"。这种抗拒就是精神的价值，也就是尼采在善恶之外的土地上所说的"艺术胜于真相"的意思。但是，这种抗拒是否就是我先前讨论过的否决权呢？这是另一个问题。

# 第十七章　受苦

在下文中,关于新社会的所谓"经济基础设施"的讨论依赖一种社会模型,即略微调整后的柏拉图式乌托邦。根据柏拉图的说法,我们是从天堂(topos uranikos)坠落,进入现象世界(phainomena)的众生。在天堂家园中,我们依照逻辑顺序看到了永恒绵延的思想,而跌入世界时,我们被遗忘之河(lethe)淹没,河水冲走了所有关于思想的记忆,我们忘记了它们。因此,作为没有思想的存在(白痴)而进入世界,我们可以在这里度过整个愚蠢的人生,原地打转、周而复始。比如,我们为了做饭而吃饭,也为了吃饭而做饭;为了收割而播种,也为了播种而收割;为了工作而休息,也为了休息而工作。从根本上说,我们向死而生,也为了通过孩子重生而迈向死亡。这种自我激励的愚蠢生活遵循一种厨房式秩序(oikonomia①),柏拉图也称其为"zoon oikonomikon",即经济生活——在德语中,"Wirtschaft"(经济)就是餐馆的意思。

我们可以用一些方法来保存思想,例如关于罐子的思想,即我们在天堂看到的"罐子性"。如果这样做,我们就可以在现象层面(例如在无形状的黏土上)刻下思想的印记,使现象世界与理想世界保持一致。最终,一个现实存在的罐子就成为我们的作品。一旦罐子制成,我们就可以把它放在厨房门外,宣传它,使它政治化,用它交换另一个作品,从而建立其价值。柏拉图

---

① 希腊语,意为"经济"。——译者注

把这种工作和宣传的生活称为"bios politikos",即政治生活。

但是,当看着罐子时,我们发现关于"罐子性"的思想已被黏土扭曲了——它不像在天堂时一样完美,而相信这种流于现象之思想的人只能获得被扭曲的思想(doxai①,群体性观点)。因此,政治化的生活是一种由谬误的群体性观点、正统、悖论、异说组成的生活;简言之,就是错误。我们只有通过比较现实的罐子和"罐子性"并对两者加以评判才能避免这种错误,这就要求我们将注意力转向"罐子性"以及所有其他高悬的思想,即理论。同时,我们身处闹市,被作品环绕着,也凝望着天空。柏拉图把这种观察式的生活、这种对现象的折返称为"philosophikos",即哲学生活。

在乌托邦里,经济、政治与哲学这三种生活形式构成了一个阶梯。经济支持政治,因为如果没有经济支持,工匠就无暇做罐子。政治支持哲学,因为如果没有集市和在那里陈列的作品,哲学家就无法比较(评判)和引导②价值的建立。痴人、奴隶(经济的)是社会的基础;中间地带则是艺术家和公共人士(政治的);理论家,即那些领航者(哲学的)是国王。政治体制(politeia)的目的是为哲学开辟一个空间,让人们知晓和铭记思想(aletheia = aletheia,意为"不—忘记",即"真理"),以便回归我们的天堂家园。

这个社会模型的关键词是"休闲"(希腊语:schole,拉丁语:otium),而与之相反的是商务(希腊语:a-scholia,拉丁语:negotium)。经济生活中的奴隶总是诸事缠身,奔忙不休,无法从经济活动中脱身,即使睡觉时也是如此,因为他们睡觉是在为以后的生意做准备。完成工作后,政治生活中的艺术家会享受闲暇(休息、批评自己的作品、反思观点),他们定期"进入学校";哲学生活中的理论家则在学校里过着休闲生活。政治体制的目的是允许精英在学校生活,以便让所有人都能回到天堂的家园。

这种乌托邦式的社会模式是封建主义的理想模式。在那里,农民生活在经济领域中;城镇居民生活在工场里;僧侣们则生活在学校,为重返天堂开辟道路。随着 15 世纪资产阶级革命的爆发,工场超越了学校,吸收理论

---

① 希腊语,意为"似真的共同看法"。——译者注
② 原文在此引用了希腊语"kybernein",意为"引导"和"操纵"。——译者注

来满足制造业的需求,资产阶级的社会不再于休闲中寻求智慧,而是通过发展来改变世界。19 世纪的工业革命后,经济凌驾于工场之上。工业社会不再寻求世界的变化,而是寻求永恒增长的消费、忙碌和生意。奴隶们显然获得了释放,成为国王,但重返天堂的道路也中断了。

现在,我尝试将这个模型应用于本文。在"准备"一章中,我将远程通信社会描述为一所每个人都时刻生活其中的学校。而在"统治"一章中,我又将远程通信社会描述为自动化统治的社会,一个谈论政治毫无意义的社会。那么,我是否已经把远程通信社会作为一种柏拉图式乌托邦的现实存在呢?也就是说,在这个社会中,是不是机器人会作为奴隶(经济),自动化智能作为艺术家(政治),而人类则都为理论而活(所有人都是哲学家或国王),机器人和人工智能会哺养人类,为我们提供可供评判的模型吗?自动化社会是一个让人人享受闲暇,让所有工作(经济)与功业(政治)都变得不适用于人类的社会吗?根本而言,当每个人都思考图像(无论是接收、更改还是转发图像),经济链与生产发展都被抛到身后时,人们就实现了柏拉图宣称的"哲学生活"吗?

令人遗憾的是,答案如当头一棒。作为哺乳动物,人类但凡要依靠未来(可预见的将来)远程通信者的大脑和指尖,就不可能忽略学校中的经济、哲学、休闲与生活。其主要原因尚不在于哺乳动物需要营养与繁殖(因为这项任务实际可以由自动机器接管),而在于哺乳动物会受苦和死亡。这个事实揭示了经济的本质以及我们可能会遗忘一点:关于受苦,关于死亡。

因此,经济不是保护和繁殖人类身体的方法,而是减轻其痛苦(佛教称其为"欲念")并推迟死亡的方法。经济学和医学基本上是同义词。

在这里,我不会谈论死亡。本文看起来似乎是关于新兴技术图像的,但实际上,它关于一种人类通过图像而永生的努力。记忆与死亡相反,它是这种努力(本书以及远程通信)的主题与动机。但是,死亡和濒临死亡并不一样,濒临死亡意味着承受死亡之苦。因此,与先前介绍的观点一致,濒死的过程属于经济领域。在不粗暴对待柏拉图思想的前提下,这个问题可以表述为:经济是关于濒死的领域,政治是关于不愿死的领域,哲学是关于永生的领域。这意味着,在关于未来经济的这一章内容中,我没必要谈论死亡,而可以只谈论受苦,因为濒死包含在受苦的本质之中:无论我遭受怎样的痛苦(即使是牙痛),我都得到了将死的预兆;人们可以假设自己濒死之时,所有痛苦都集中在死亡上,只有这样,死亡才能被称为受苦。

经济是一种使身体免于受苦(濒临死亡)的方法,我们且以食物为例。比如在第三世界这样经济落后的地方,人们要受苦。一个恰好越来越明显的事实是,经济是关于医学的问题,而医学也是经济性问题。看到旱灾中第三世界国家儿童鼓胀的肚子,人们就能清晰地认识这一点。人体是一种实体,经济和医学手段(诸如肉或阿司匹林等必需品)也是实体,它们被赋予减轻痛苦的使命。机器人可以为物体(作品)赋予信息,可以将赋有信息的物体传送到人体(分配),也可以行动和交流。从这个意义上讲,人类将被排除在经济之外:在凝视图像的人类身后(正如在远程通信化蚁群的系统之中),物品的生产与分配会自动推进。

身体的繁殖也是一个经济问题,它亦旨在延缓走向死亡(物种的死亡而不是个体身体的死亡)的步伐。繁殖同样是关于身体的,所以也可以由机器人完成。在凝视图像的人类背后,机器人可以获取精子和卵子来孵化新的图像凝望者,而只有到那时,性欲才能真正成为一种精神性的存在。因此,即使在生理学、经济方面,人类也将变得多余。

但是,机器人不能代我们受苦。众所周知,受苦不是因为没有任何方法可以摆脱苦难,人们只需回顾斯多葛学派和伊壁鸠鲁学派的思想,就可以看到很多这样的方法。但是,这样的方法无法与自动化进程融合(哪怕是非常间接地融合),因为最终它们都是依靠自我终结的可能性来避免痛苦的。以叔本华(我打算进一步谈论他)为例,我们就能认识到痛苦与生活是同义词,只要我们有身体,苦难(以及与之相伴的经济)就会塑造社会的基底。这不是出于生理的原因,而是出于生存的原因,因为痛感可以缓解,苦难可以被麻木遮盖。但是,一旦身体被麻痹,意识就会变得死寂而呆滞:无美感可言①。自觉的意识本身是一种不快乐的意识。如果所有的痛感被减轻,所有的苦难

---

① "麻醉剂"的英文单词"anaesthetic"由"an-"与"-aesthetic"组成。"an"即"无、非","aesthetic"即"审美、美感"。——译者注

被麻木掩盖,那么经济就将被取代。或许我们可以背弃经济与实践哲学,但这也意味着没有什么东西可以被哲学化了。应用于远程通信社会的柏拉图式社会模型表明,柏拉图式的乌托邦(实际上也是任何乌托邦)隐藏着一个内在的矛盾:没有痛苦就没有幸福。所以,乌托邦是不可能建成的。

因此,经济将继续作为技术图像社会的基础,但与目前的经济相比,它会发生巨大的转变,以至于我们目前的社会模式(无论是自由主义的、马克思主义的或其他的)都无法适用于此。远程通信的经济与我们"梦寐以求的商品"无关,而与一种"无法避免的弊端"有关。经济活动将不再意味着一种生活方式,而是一种学习过程的中断,这种对经济元素的蔑视与恐惧可能让人联想到柏拉图式的贵族(以及一般性的贵族)。实际上,与工作型机器人相比,所有人都是贵族。然而,为了掌握经济基础,人们将不得不使用柏拉图式(以及一般性的贵族)以外的其他范畴。这里,我集中讨论两个范畴,即"知觉"(大脑中感受痛苦的地方)和一种独特的范畴——"共情"。

当今最大的丑闻在于医学。医学之所以可耻,不是因为它令人汗颜的效果(参见第三世界),而是因为它本身基于一些可耻的假设,首先就是"生命体是一种财产,其应当保持鲜活"这种假设。在不久的将来,人们可能会费解这种假设居然曾被众人忍受。对于这一现象的解释其实很简单,如果把文化对象视为可用的财产,那么生命体就是所有人的根本财产和关注焦点。当前,医学是经济的中心,除此之外,别无其他。但是,当这种关注从文化对象转移到纯粹的信息(技术图像)时,当代医学就会被视为危害人类尊严的罪行。只要大脑的一部分组织仍存于生物体内,只要其尚未完全变成机器性的,那么身体就仍然是一种无法避免的弊端。身体应尽少干涉游戏(生活),尽可能避免成为破坏性的角色,当无法做到这些、当身体中无法修复的缺陷开始发挥破坏性作用时,医学的任务就是在尽可能减少影响的情况下使它终结。

当医学(经济)为推迟死亡而施展行动时,它应成为减轻痛苦的手段;在痛苦无法减轻的情况下,它应该消除身体。在对话构建的社会中,死亡将不再与自杀相区分:人们可以在对话(例如,在医生和遭受痛苦的人之间)中作出放下受难身体(安乐死)的选择。

我之所以选医学为例，不仅是因为它引人注目，更重要的是，它强调了痛苦的脑性本质。只要物质性的过程（或任何形式的经济过程）没有进入意识，只要它们还自动运行着，那么我们就可以而且应该将其忽略。如果人们聚焦于自己的肝功能或早上的烤面包，就意味着错过生产图像的机会。如果出现程序编排的错误（肝脏因疼痛而迫使其进入意识，烤焦的烤面包通过刺鼻的味道进入意识），那么人们将不得不与他人合作，重新进行信息编排。而且当这种重启的编程令人神经紧张时（尤其是那些从事图像创作的神经），人们可以选择拒绝，行使否决权并忘记一切（死去）。因为人不会被遗忘，人工存储器会确保曾经被称为"我"的东西被储存起来，在对话中演变。这就是经济，一种为不被遗忘而必要的弊端。然而，那个行使否决权的人可以忘记这种弊端，因为只有他才能蔑视经济。

不幸的是，当程序编排错误时，当人们意识到苦难时，就一定会对经济（包括自己的身体）产生兴趣，但这种意识是在对话中组织起来的。当网络中的一个结点（一个单独的"我"）意识到痛苦时，整个网络就变得感同身受。如果经济不得不引人关注，如果它必须证明自身不可能被简化为机器人的子结构，这就是共情的结果。远程通信社会将关注编排不善的实体（肝脏、面包），出于共情而对其进行重新编程，最终使其能够被忽略。

所有意识都是不快乐的意识，即使是孕育着技术图像宇宙的、具有凝想力量的新意识。所有创造力的来源正是苦难。在前远程通信时代，这种苦难主要是个体的、私人的，整个文学领域都专注于这种创造性的苦难。然而，在远程通信社会中，创造力的来源是共情，如果需要的话，我们可以称之为爱。但更好的方法可能是以己度人，通过认识自己的痛苦（和死亡）来感知他人的痛苦（和死亡）。因此，在远程通信社会中可能会设置这样的警句：我会逝去，你会逝去，而我们将永生。这将是远程通信中负熵性程序的近似表述。

总而言之，关于即将到来的社会，我们可以预见其经济的基础设施：行动和贸易将在很大程度上实现自动化，并且人们对此不感兴趣。在那里产生和消耗的对象不会侵扰图像吸纳的意识。人们既不会工作，也不会创造作品，从这个意义上讲，社会将走向柏拉图式的乌托邦。所有人都将成为国王,所有人都将生活在学校(休闲),成为哲学家。但是,偶尔也会发生一些故障,意外难免,人们将受苦(和死亡)。这些意外会影响意识并引发关注,由于此类意外是不可避免的(可预见的、意料之内的、多余的),人们将尽一切努力将其影响降到最低。人们或许在不断寻找更好的方法来减少痛苦、延缓死亡,但这些方法依然屈指可数。当修复的代价过于高昂,当其干扰学校生活、破坏游戏的乐趣时,这种干扰性因素就会被遗忘。这就是未来所有人类走向死亡的形式:通过对话性商谈而达成关于遗忘的协定。

　　经济学会被整合为计量价值的学科,我希望这些预言性的反思能够引发人们对未来价值秩序重构的讨论。无论如何,这才是这些讨论的真正意图。

# 第十八章　庆祝①

在上一章里简要讨论过的柏拉图式模型中,我把"休闲"放在优先位置,它是生活的目标、智慧的所在。现在看来,我们似乎正在用 7 英里②长的靴子靠近这个目标:失业在蔓延,自动化机器在接管人类为改变世界而做出的手势。劳动分工正逐渐成为给机器人编程者提出的问题,它更像一个数学问题,而非政治问题。当前,"管理空闲时间"的观念可以轻易摒除"休闲"的问题,而这种摒除带来了更紧迫的问题。在上一章内容中,如果我准确预测了远程通信社会的情形,那么休闲问题无疑将成为全文的中心。

这不仅与数量有关,还与如何分配越来越多的空闲时间有关。实际上,政治意识层次中的工艺师所拥有的工作间隙,就是经济意识层次中产业工人的假日、间歇与退休期,也是利用信息的功能执行者的自动化生活。对他们而言,这种生活只是定期被工作中断而已。从数量上讲,工作与休闲之间发生了逆转,这种逆转使人们热衷于谈论工作日而非假期。在远程通信社会中,所有空闲时间都需要被关注,与其谈论把空闲时间分为几小时、几天或几年,不如谈论休闲与享受的体验。远程通信社会应该是宜居的、引导人们发挥自己想象力的地方。

---

① "庆祝"对应的德语"Feiern"既表示祝贺,欢庆,纪念,也有休息,停工的意思。——译者注
② 1 英里约为 1.609 千米。——译者注

　　如果我们暂时搁置柏拉图将"休闲"作为智慧之基的思想,忘掉理论的生活,转而关注我们文化的另一个根源——犹太教,就能更准确地认识享受的意义。犹太教设置安息日,这是神圣的一日,事实上,也是上帝之外的唯一。诫命说:"你要遵守安息日,使它保持圣洁。"但是,柏拉图并不会理解这种神圣。在他眼中,就整个希腊传统而言,神圣意味着隔绝于城邦,被保护起来。在现实中,神圣性是一种辖区①,是一座寺庙,是一个观察与休闲的地方——学校,它是神(例如阿卡蒂莫斯②)保护下的避难所。在那里,处于空闲时间的人们相互交换思想。相比之下,安息日是高于一切、隔绝于世事的空间,它不是一座大理石的教堂,而是一座时间的庙宇。因此,只有当人们将其与历史分离,为它而庆祝时,它才是神圣的。

　　如果把安息日从线性的时间(一周内)中剥离出来,历史就中断了。人们度过一周中的六天,然后进入安息日,在这一天,前面的日子得到升华。历史发生在一周的六天之内(上帝用六天创造了世界),所以在安息日那天不用做任何事情(无事发生,上帝休息)。这六天追求一种目标,它们动力满满、饱含期待,而它们的目标、动机、意图(任何历史的目标、动机、意图)就是安息日。同时,安息日本身是静止不动的,它没有目标、动机与意图,因为它本身就是这些。一周中的六天充满意义,而其意义就是安息日;相反,安息日不具意义,因为它本身就是意义。一周的六天是有价值的,其价值是安息日;安息日不具有价值,因为它本身就是价值。这就是设置安息日的原因:保留安息日意味着神圣,安息日超越了历史。希伯莱神秘哲学对弥赛亚时间的解释是,一个安息日紧随另一个安息日,两者之间没有任何事物的时间,而对基督教来说,那是耶稣受难节与复活节之间安息日的神圣时刻。历史在那里停下,那是从痛苦里救赎欢乐的时刻。

　　犹太-基督教中欢乐、神圣的观念与希腊的理论、沉思与哲学并不是两相对立的,两者都体现了对历史的超越,支持后历史。在这两种情况下,无论是在学院里还是在安息日的庆祝中,人们背离经济,进入浮士德所谓的

---

① 原文在此引用了希腊文单词"temenos",意为古希腊的寺庙围墙或宫廷,即一种神圣的辖区。——译者注
② 相传阿卡蒂莫斯(Akademos)是拯救雅典的英雄。——译者注

"母亲的王国"①。但是,学院的生活和庆祝的生活之间存在着至关重要的区别:在学院里,人们观看(一个人在那里看到观点),而在庆祝中,人们倾听(被呼唤)。学院是一种空间,在那里,人们可以看到形式;安息日的庆祝则是一段时间,在那时,人们听到召唤。这就是为什么希腊文化中的休闲意味着一种静默的注视,而犹太-基督教的休闲则是一种责任(回应召唤)。希腊的休闲是"实质性的",其实质可以被察觉。相比之下,犹太文化的休闲是关于人类存在的,人们在其间会遇到"他者"。在希腊式的休闲中,人们发现神圣(aletheia = 发现 = 真相)。在庆祝式的休闲中,神圣是昭彰的,其自己发声。当休闲与庆祝相遇、学院与安息日融合、时间和空间共同停驻,西方传统在这时才算达到完善。这就是远程通信的宗教性层面。

自15世纪的资产阶级革命以来,我们忘记了如何庆祝。在历史书里,这种遗忘通常被理解为"现代生活的非宗教性"。根据上一章所描绘的柏拉图式模型,从资产阶级革命时期开始,理论就服从于实践,理论意义上的休闲也理所当然地服务于推动世界进步的旨趣。从犹太-基督教的角度来看,资产阶级革命为功利而压制庆祝。从此以后,假日休闲是为了恢复身体,进而更好地投入有用的行动。学院和安息日要从属于工作(服从于技术与工作日),19世纪的工业革命则完成了学校和庆祝的世俗化。理论本身成为一种技术、一种组织,这个组织中包括为实现这种世俗化而专门建立和提供辅助的机构。由此,庆祝活动演化为诸如周末、暑假或滑雪旅行,它们由专门从事这类活动的机构组织起来。这样一来,资产阶级革命将希腊和犹太-基督教思想中的休闲观念整合到劳动之中,而工业革命又将这种由休闲滋养的劳动融入了工业经济。

奇怪的是,我们正在经历的自动化革命也显露了这种将休闲融入劳动,再将劳动融入经济的现象,因为它展示了在劳动内部,一种堕落、世俗化的休闲方式正在膨胀。同时,随着经济对劳动的消化,整个工业经济会像肥皂泡一样爆炸。这就是为什么当前的休闲活动、失业和空闲时间首先是一个

---

① "母亲的王国"(the realm of the mothers)是歌德的《浮士德》中的一个虚构的空间。心理学家荣格将"母亲的王国"视为无意识的创造性的象征,他说:"这些母亲是有创造力的存在;她们是创造和维持的原则,所有在地球表面上有生命和形态的事物都是从这个原则出发的。"——译者注

经济问题,这种现象使工业和勤勉的品质受到质疑。从工业的角度来看,增加休闲是一个政治问题,因为得益于自动化的推进,休闲不再被视为邪恶之源,反而成为美德的一种回报。上流的休闲站在商业、资产阶级价值的对立面,但当经济和政治上的工作观被休闲取代时,这种现象转移了人们的注意力,使其无法关注实际问题:我们不知道该如何闲着、如何庆祝。

通过观察对"闲着"这个词的用法,我们可以察觉自己在庆祝这件事上的无能。当我们以轻蔑的态度放过一件事(例如,我们说"操心这个事真是闲得没事儿干")的时候,就会用到这个词。显然,"闲着"意味着"无意义"。然而,古希腊人眼中的"无意义"是"纯粹"的代名词:他们知道哲学依赖于对某事的"闲着"的思考;古代犹太人则把安息日定为圣日,把它与工作日明确区分,以便在这段时间里可以闲下来,思考神圣的教义。这两种领悟都超越了目的,是庆祝的方式。如果我们能记住"闲着"这个词的含义,那么我们就可以承认失业是一种福气。

记忆的方法之一,就是观察人的手势与动物手势的差异。人类确实会做出目的性(经济性)的手势,像其他任何动物一样,他们伸手去抓住事物与配偶,把危险的东西摒之门外。但是,人类也会做一些无目的、无意义、反经济性的庆祝式手势,例如,孩子们玩着不可食用、无法用于繁殖、无危害性的小石子。理论上讲,他们是在玩耍,我们可能会认为这种玩耍是实用的,因为一些有用的物体(比如石刀)以及关于利用工具的文化就是在这种小石子游戏中产生的。但是,这种想法也表明我们已经遗忘了休闲的神圣地位,我们忽略了无用性与休闲的文化核心,即节日与理论性、艺术与理论科学。人类手势的现象学提醒我们,人类在庆祝中存在,在犹太-基督教的意义上,这意味着一种宗教式的存在。

基本上,这就是宗教传统的要点,它旨在提醒我们人类生活的无目的性和庆祝性。但是,我们对此置若罔闻,除非它以一种更易接受的表述形式走到我们身边,例如通过克尔凯郭尔的表述。他的作品在某种程度上表明"宗教生活"(在上帝面前的生活、没有目的的生活)比"道德生活"(政治和商业中有目的的生活)更有力量。本书的基本观点之一在于,我们当前拥有了一种崭新的、人们始料未及的方法来重新获得克尔凯郭尔对宗教生活的深刻理解。这种方法就是远程通信,它使我们能够通过节日性的、悠闲而无目的的图像,从他人那里认识自己。

因此,"将来的人们会带着什么目的来生产图像"的问题是完全错误的问题,它是典型的前远程通信式的、历史主义的、具有明确目的性的思考。如果我的预测是正确的,那么未来的人们会对创造图像这件事倍感轻松;它超越目的,没有动机。他们生活无虞,除了闲暇时光中的纯粹教育,他们不再与各种外物与障碍抗争。他们生活在庆祝之中,所做的每件事都是放松的。这样看来,一个巨大的安息日将包裹未来的人类。如果我们预感这是一种连绵的无聊,那是因为我们尽管拥有节日(也许正是因为它们),但已忘记了庆祝的意义。

在"游戏"一章中,我曾试图表述过类似观点,只是那些观点是从世俗角度出发的。实际上,"游戏"和"庆祝"是两个相关概念。正如我说过,可以从孩子们玩耍时的庆祝手势中理解这一点,除了游戏的输赢,我们在庆祝中没有什么可获得的东西。与其他社会相比,远程通信社会不会从游戏中获得任何胜利,新的信息会持续产生,可用信息的总和会持续增加。但是,这种信息流不会变得有用,也不会产生利润,它只能被庆祝。

在本章关注的宗教主题中,我们可以重审程序编排的问题。当说到"远程通信技术允许人们对生产图像的装置进行对话式编程"时,这句话意味着什么? 这首先意味着,不存在居于中心的发送者,每个坐在终端前的图像制作者都可以对自己的装置进行编程。这也意味着,所有个体程序间会相互比较、相互补充、相互纠正。因此,所有参与者都会通过对话参与对所有装置程序的持续性编排。未来的人们将与今天的功能执行者区分开来,因为与功能执行者不同,未来的人们将编排程序,而不是被程序编排。但是,在庆祝与节日的角度上,我能通过对话式编程探究更为根本的东西,其大致就是布伯所说的"对话生活"。

我们这里讨论"自我编程"的概念,重点在于"自我":这是我的程序而不是其他人的;我想拥有自己的程序,这样我就不会受制于人;我想拥有不被拥有的权利。在其他地方,本书关注的是"所有权"与"占有"作为两个不再适用于信息社会的范畴,因为在二者的框定中,"自我编程"的概念将毫无意义。然而,这又与当前我们对新社会的体验相悖,我们将当前的信息社会视为信息帝国主义的:发送者占有程序,而我们则被他们占有。因此,使一个程序远程通信化,意味着从发送者的占有中把它提取出来,使它成为一切参与者的所有物。因此,在目前的情况下,"自我编程"可能意味着"夺取",意味着帝国主义的程序的社会化。这是一个社会主义化的概念。

　　然而,当远程通信社会真正到来,"自我编程"的这种意义将难以持续下去,因为一旦中心发送者消失,"夺取"就不再切题,而只有对话式编程与此相关。这样一来,拥有自己独一无二、无法替代的程序就变得没有意义了;相反,在这个时候,关键是要让其他程序(别人的程序)能够自我完善(向别人提出建议)。因此,当远程通信社会真正来临,而非只有我们自己的程序存在时,我们会讨论"他性程序"(Anderprogramm)。这个新词概括了远程通信社会的特征。

　　这些分析使我们想起"自己的"和"他人的"两个相对应的概念,这些概念承载着厚重的意义。如果想要减轻这种重量(就像海德格尔在《同一与差异》中所做的那样,以及萨特与福柯的辩论所试图做到的那样),就要认识到这些概念的可逆性。一个人拥有的东西不属于另一个人,认同($a = a$)是定义自身相对于另一个人($a = \sim[\sim a]$)的差异。从逻辑的、存在的层面理解这一点之后,我们会发现这种理解可以打开封闭着我们的外壳,打破我们所独有、所占据的东西,赋予我们关于绝对他者的开放性视角。由此,"我"就成为绝对他者的他者。

　　犹太教禁止造像,基督教与伊斯兰教也以各自的方式推行同类规定,这是因为人造之像磨灭了"真实的形象"。"真实的形象"是众人的面孔,这是绝对他者的形象,即"上帝之像"。于我而言,每个人都是上帝之像,而对于其他人来说,"我"也是上帝之像。因此,每个人对我来说都是他者,我对所有人来说也是他者,是"绝对他者"(上帝)的形象。因为对我来说,每个人都是绝对他者的真实形象,他是绝无仅有的形象,是我唯一可以或应该理解上帝的方式。我仿照上帝或其他任何事物而制作的所有其他图像都是虚假的、应被禁止的。每个个体都是我通往上帝的唯一媒介,而我只有通过他者(每一个他者)才能到达上帝。所有其他媒介(所有其他图像、表征和思想)

都是虚伪的介质,它们陷入偶像崇拜之中。上帝唯一真正的爱,即对他者之爱、人类之爱。因此,"你要尽心、尽性、尽力爱耶和华你的上帝(绝对他者),爱你所拥有的一切"这句话的意思,等同于"爱你的近旁之人(一个他者)"。

　　一方面,从拉斯科岩洞壁画到录影带,所有前远程通信的图像都是从中心向四周散布的图像,这些图像投射在他人身上,遮蔽了他们的脸庞。这些图像被禁止,它们误入歧途,远离上帝。另一方面,以远程通信的、对话的方式合成的图像是人类之间的媒介,通过这些图像我可以看到他者的脸,而通过这张脸,我可能会认识上帝。因此,对图像的对话式编程(对话生活)是对上帝(绝对他者)的颂扬。由此,个体与他者俱在,以他者为媒,成为祝祷者。这基本上就是我说的"他性程序"的意思。

　　眼下,我们可能正在回忆该如何庆祝,正在通过远程通信奇怪而迂回的道路找寻我们真正的归途,以此成为真正的人类。这意味着成为他者的节日式的存在,毫无目的地与他者、为他者而游戏。然而,即使是现在,我们已经开始被前远程通信的存在方式打垮:这种存在与目的和动机捆绑在一起,总是喋喋不休地谈论自己的东西。这是一种极其险恶、无趣、庸俗的生活方式。然而,一种新生的、非正统的信仰力量也正开始萌发于我们意识中那些发霉的角落,它有着类似技术图像宇宙的梦幻般的形式。

# 第十九章　室内乐

前面所有章节的标题都是动词,确切地说,是动词不定式。这些标题提醒人们关注思想持续拓展、无限延伸的方式。但是,倒数第二章的标题是一种实物,我以此表达这些思想获得某种实质的希望。不定式的无限性与实物的可定义性之间的这种张力,是本书与任何一种预言都具有的特点。

预测不是看未来的事情。预言家着眼于当前情况所指出的方向,预测事情将如何出现,而非将有什么事情发生。一个人可以预测结果,但不能预测将会发生什么。预言家用结果掩盖未来,于是就没有了未来,他用信息来预见未来,以此来阻止这样的未来。海德格尔"预先思考"(Vorsorge)的概念说明了这一点。采取预防措施不仅意味着要使自己与某种特定的可能性关联起来,而且要为这种可能性提供条件,将其引入当下,预知它的出现,最终消除它。然而,所有预测都会破坏未来,我们可以在计算机屏幕上认识到这一点。发展、趋势、曲线可以从目前投射到未来,这些投射可以被控制,其误差幅度也可以如人所愿地被精确计算。但是,这种预测显示的是计算的结果,而不是即将发生的情况。由此便没有了未来:为了避免灾难,被计算的预言吞噬了未来。

但灾难终是无法避免的,因为它们无法被预见。根据这个词本身的定义,但凡是我能够预见的,就不是灾难。我可以设想各种情况来破坏关于远程通信社会的预测,例如核战争或第三世界革命,或一些更有趣的情况,比如像对话式社会那样复杂而脆弱的系统最终走向了衰败。我可以设想这样一种情况,在这种情况下,远程通信社会中被压抑的身体重新崛起,对抗越来越以大脑为中心的、智性的趋势,从而爆发前所未有的兽性。但是,此类情况并不能用来描述灾难,因为它们只是描述了可预测之事,这些事情至少在理论上是可以避免的。

真正的灾难是不可预见的,它们猝然发生。例如,如果我用逐渐增加的力量往窗户上扔石头,我可以计算出每块石头碰到玻璃后所产生的反射角的变化,将它们排列成一条曲线,然后预测这条曲线的方向。由此,我就能得到石头打破窗户的临界点。但是,我不能靠延长曲线来预测窗户另一边的石头的运动轨迹。所以,窗子另一边的投掷行为才会带来真正的灾难,而要预测这种灾难,我就需要获得那些在窗子这一侧所不能获得的信息。真正的灾难是新的信息,从定义上讲,它是意外的惊险。在本书中,我曾提出人类的行为可以带来意外的惊险与灾难,而远程通信则从理论和技术上将其化为现实。这样,远程通信社会就成了一种把灾难变成现实的结构。因此,对它进行预测的任何尝试(比如我现在做的)都是自相矛盾和自我指涉的——如同乌洛波洛斯,那条吞噬自己尾巴的蛇。

还有另一个因素能证明这种预测的不可能性。我以当今时代的发展趋势为出发点,例如,技术图像日渐变得唾手可得并对文本产生压制,图像趋于电子化,装置变得更精巧、廉价并渗透于极精微的空间。我没有创造这些趋势,而只是发现了它们。但是,每种现象都具有无限的趋势,被包裹在未来的云团之中。这正是把现象具体化的原因:它是被无数种可能性包围的核心。我以概率为标准,选择了其中几种可能性,忽略了其他可能性。被忽略的可能性似乎是不大可能发生的,但这个标准又与本文试图说的一切相矛盾:在文章中,我们感兴趣的恰恰是那些不大可能发生的、出人意料的事情。因此,在某种程度上,本书预言了各种事情,却与自身的前提相矛盾。

然而,预测与不预测的两难正是表征人类生存方式的矛盾之一。在此,我试图论述的内容也与这一矛盾契合。换句话说,正如我预见的那样,远程通信社会不是一个正在迫近的社会,而是我们所忧虑的、正从我们身边崛起的社会。这不是致以未来的乐章,而是对当下的评判。

我在这里虚构的场景、编撰的寓言是这样的:人们将坐在各自独立的小格子里,用指尖在键盘上游戏,凝视着小屏幕,接收、更改和发送图像。在他们的背后,机器人带给他们一些东西,使他们荒废的身体得以维持和繁殖。人们将通过指尖相互连结,形成一个对话网络,即全球性的超级大脑,其作用是将那些不太可能的、出人意料的情况考量和计算成图片,从而带来信息与灾难。人工智能也将与人类对话,他们之间通过电缆和类似神经的线路连接起来。因此,就功能而言,试图区分自然的智能和人工的智能(灵长类动物的大脑和次生性大脑)将变得毫无意义。所有事情都会像自动控制的系统一样运作,这个系统无法被分成几种构成要素——它是一个黑盒子。

在此,占据主导地位的精神会使我们想起在创作瞬间体验到的那种状态,那种超越自我、勇敢涉险、高潮般的体验。远程通信式的超级大脑将放射出不断扩展、自主更新、自我聚焦的技术图像的光环。它呈现出一种普世的奇观,尽管那只是一种朴素柔和而非壮丽的景象。因为超级大脑指向的不是外部,不是虚无,而是指向内部,指向无尽微小的终端。这将是一个马赛克式的奇观,一场微小碎片构成的游戏。超级大脑将在其内部运作着、梦想着——这是一个由小碎片组成的蒙太奇游戏,一个完全由昏暗隔间组成的黑盒子,一个彻底由室内音乐家组成的环球管弦乐队。

这引导我们更深入地探究室内音乐——它不是人们在音乐厅听到的那种声音,而是那些人们彼此相见、共同演奏的音乐。这些音乐家的聚会并不是为了研究乐谱,而是利用当前可用的乐谱进行即兴创作。这种创作方式在文艺复兴时期非常常见。音乐的录制品是未来音乐家们进一步创作的基础。我们可以把室内乐作为一般对话式通信,特别是远程通信式交流的模型。

这种音乐制作的基础是一本原始乐谱、一个程序与一套规则。但是,因为音乐家是通过重新编排录音带里的录音来获得新思想进而创作的,所以这些东西会很快会消失在其视野之外。在室内乐中,没有导演与管理机关,设定节奏的人也只是暂时引导事情的发展。然而,室内音乐需要格外严格的规则,因为它是自动化的。室内乐是一种纯粹的演奏,它既是被演奏者创作的,也是为演奏者而创作的。对于演奏者而言,听众是多余而且具有干扰性的,他们参与游戏(策略)而不是在旁观察(理论)。准确地说,为了像独奏那样演奏音乐,每一种乐器演奏起来都像在伴奏。为了使这种演奏为自己而鸣响,每个演奏者都在为乐队的所有其他演奏者而演奏,每个创作者都与他者同在。也就是说,每个人都遵循精准的规则(共识)并在演奏过程中共同改变它们,每个演奏者都是信息的发送者和接收者。他们的目标是合成新信息,而不仅仅是演奏。这种信息是纯净的,因为除了录制信息的设备之外,它没有任何物质性基础。但是,这种录音设备与室内音乐作品(创作的结果)完全不同。作为一种存储物,它是耐久的,可以随时被重新播放。面对这种借助重播而出现的信息,探寻其意义是一种徒劳,因为意义在于演奏本身,在演奏者与他们遵循的规则之中。

简而言之,室内乐可以作为远程通信社会结构的模型,它本身早于远程通信、装置和自动化,是前工业化时期的交流形式。但是现在,我们却可以从中发现(也许是爵士乐强烈召唤着人们对室内乐的回忆)很多后工业时代的交流特点,尤其是早期的照相机——暗箱的特点。顺便说一句,这可以解释为什么当代人对室内乐(和爵士)抱有特殊兴趣,因为我们从中认识到未来社会的形式。

然而,室内乐的结构与新兴的远程通信社会的结构之间还是存在一些差异。古典乐谱中含有一些空白点,它们为创作提供空间,而这种程序本身就是一种对创作的邀请。从这个意义上说,许多现代乐谱都是一种"程序"。录音设备之于室内乐,就是人工存储器之于远程通信社会,但是与录音机不同,人工存储器会积极参与对话,使过去、现在和将来在其中融为一体。室内乐与远程通信社会的本质区别在于:室内乐产生于线性时间,它衍生出各种主题与一场场的创作;远程通信实践则是在同一时间、同一空间发生的,散布各处的所有参与者会在同一瞬间作出关于同一主题(及其变体)的决断。这就是按下钢琴琴键与按下装置按键之间的区别。

尽管两者之间存在这种差异,但在很早以前,即我开始撰写本书之前,我就已经对室内乐和远程通信进行了对照。如果我在更早的时候就阐明了这种对照,那么我们本可以更轻松地认识远程通信。但不幸的是,由于它来自音乐世界,我不得不推迟使用这个模型。读者一定会为此感到诧异和懊恼,我从自己的思考中屏蔽了与耳朵和嘴巴、声音和言语有关的一切,忽略了技术图像领域的视听特性。这是因为,我坚信只有到现在这个时刻,我们才能谈论这一点。我对此的信心是这项工作的动机之一。

叔本华认为,音乐的宇宙是"作为意志的世界",不代表任何东西。叔本华将它与"作为表象的世界"(技术图像的宇宙)相区分。音乐的宇宙不建立在任何人的想象之上,而是建立在某种生物驱动力的基础上:音乐信息的传播并不取决于接收者对其解码的能力(例如,与大脑相连的耳朵);相反,它会通过振动渗入接收者的身体,使其产生共振(共情)。与此不同,技术图像的世界则是从想象和思维中萌生的,它展现一些东西,期待被破译。因此,技术图像的世界(作为表象的世界)将自己置于音乐的世界(作为意志的世界)之前,并像面纱一样覆盖着它。换句话说,音乐的世界是具体的生活(意志和痛苦),而图像世界则是抽象的幻戏,是"摩耶"。现在,我要与叔本华争论这一点。

音乐世界是一个被组合起来的宇宙。组合(Komponieren)和计算(Komputieren)是同义词。我们无需等待电子音乐的出现就可以识别出音乐的质量:音乐的宇宙就像技术图像一样可以被考量和计算。确实,技术图像也是经过考量和计算的表象,并且在这种意义上,它属于叔本华所谓的"作为表象的世界"。但是,正如我在分析模型中试图说明的那样,技术图像的宇宙让人想起很多关于音乐世界的事物。与音乐世界不同,它是一个由表面组成的宇宙;但也像音乐世界一样,它是一个纯净的宇宙,没有任何语义维度。技术图像与曾经的音乐一样,是纯粹的艺术。因此,可以说随着技术形象的兴起,人们达到了一种新的意识层次,即以凝想的力量制作音乐。

我认为,这是理解技术图像宇宙"视听"(audio-visuelle)特性的唯一方法。随着电子计算的开始,技术图像会自发地流向声音,而声音则自发地流向图像,它们相互绑定。换句话说,所有前技术性音乐与前技术性图像都可以被理解为一种对技术性有声图像的趋近。因此,在技术图像中,音乐化为图像,图像化为音乐。实际上,当今的设备已经自动将图像转换为声音,将声音转换为图像(电子混合器),但这恰恰不是这里想表达的。在有声图像中,图像并不会与音乐混合在一起,而是将两者提升到一个新的层次,即"视听"。我们只有在此刻才能认识它的意义,因为它基于前面的分析而被提出。

使音乐图像化、图像音乐化的现代方法已经准备了相当长的时间,例如我们可以在所谓的抽象绘画中和近来音乐作品的乐谱中认识到这一点。但是,只有合成性图像才是真正以音乐方式构思并且以视觉力量实现音乐性的。试图区分音乐和所谓视觉艺术的行为将变得毫无意义,因为每个人都将是作曲家、图像制作者。我们可以把技术图像的宇宙看作音乐化的视觉宇宙,本文支持这一观点。

一旦它们都被电子化,视觉技术与听觉技术将不可分离。如果视觉艺术和听觉艺术之间固有的差异阻碍了所谓的"计算机艺术家"将图像有声化的尝试,那么这将是一件近乎令人沮丧的事情。但是,这种情况不能与第一次世界大战后电影生产者对有声电影表现出的抵抗态度相比。因为在那时,图像与音乐之间、作为表象的世界与作为意志的世界之间尚有真实的技术性界线。如今,这种界线只存在于生产者的思想中,他们的工作与这些过时的分类相关。所谓的"计算机艺术"正在朝着有声图像与可视声音的方向发展,这种发展不仅基于其结构,而且基于其技术。这种趋势不仅存在于"计算机艺术"中,也表现在所有合成性图像和作曲中,甚至在那些非艺术的、科学的或政治的档案中亦是如此。视觉力量和音乐将不再分离。

这个正在浮现的技术图像的宇宙既是叔本华所谓的"作为表象的世界",也是其所谓的"作为意志的世界"。我们可以用不同方式解释这个宇宙,比如尼采式的:在技术图像中,权力意志以永恒轮回的形式出现;通过这种方式,幻象变成具象。这是一种令人神往的解释,因为"权力意志"可以被理解为一种负熵的倾向,"同一物的永恒轮回"是一种"可复制性",而"超人"则是自动化的超级大脑。我认为,对于将尼采作为先知的这种认知倾向,人们目前应当持保留态度,否则人们就有可能失去对当前发展中新事物的把握。

我们可以在图像世界如梦似幻的特质中理解这种新事物。在梦幻世界中,梦想家似乎会格外的严谨,因为他需要考量和计算那些清晰而独特的概念,要按下产生图片的按键。因此,这个梦幻世界并非潜藏在清醒的意识之下,而是凌驾于它之上,是一个有意识且被有意识地建造的超意识的梦幻世界。因此,试图解释梦是没有意义的,除了自身之外,它们一无所指。梦将变得有形,它是一个纯艺术的世界、一个为了游戏本身而游戏的世界。图像的游戏(Ludus imaginis)如声音的游戏(Ludus tonalis)一样,而那种新兴的、想象力的意识也像游戏的人(Homo ludens)的意识一样。

本书试图讲述一则寓言,它描绘了一个神话般的技术图像的宇宙。那是一个神话般的自动化对话的宇宙,也是一个神话般的、以想象力创造音乐的意识的宇宙。它在涌动的希望中讲述这则寓言,同时也心怀恐惧,身形颤栗,因为这则寓言关于一场即将破壳而出的灾难,而我们就是那个壳。这个故事是关于你的。

# 第二十章　总结

这些想法沿着一条荆棘丛生的道路，穿过一连串的难解之题。循着它的足迹，人们可能觉得自己被牵着走。其实，我们很容易使道路变得平整，只需在重重问题中筑起一条高速公路（就像人们在亚马逊丛林中所做的那样）。但是，以我的驾驶经验（也包括在亚马逊的驾驶），没有什么能比高速公路更无聊了。我们围绕问题一路辗转，才能不虚此行。这些曲折为问题提供了视角。

在这项工作结束时，我仍然需要对它进行概述。因此，让我来鸟瞰这片可以坐着直升机俯视的土地。同时，我们也要注意，从高处看阿尔卑斯山固然美丽，但是那风景只有通过攀登才能收于眼底。

本书共有二十章。随着技术图像未来的迫近，我从无数问题中选择了二十个。这些问题如下。

**抽象化**：什么是技术图像？它们不同于以前的所有其他图像，这不仅是因为它们由技术性装置制成（正如我们误认的那样）。实际上，事实恰恰相反：装置之所以可以制造它们，是因为它们来自另一种意识层次，它们比以前任何图像都更加抽象。

**想象**：早期的图画是从什么样的意识层次中出现的呢？答案是：从人类最初从客观世界中抽身、来观察和描绘的那个层次开始。也就是说，从史前层次开始。

**具象化**：技术图像是从哪种层次的意识中产生的呢？答案是：我们周围的世界乃至我们自己的意识都分解成需要被计算和组合的粒子，也就是凝缩到图像中，即一种意识的凝想层次。

**触摸**：但是这些粒子毕竟是无法目睹、理解和感知的，那么我们如何将它们变成图像呢？答案是：通过配有按键的装置。这就引发了另外的问题：这些按键是否能够以及如何控制装置，我们如何以及应该如何来设置按键。

**凝想**：如果技术图像的本质是马赛克而非真实的表面，那么我们如何能将它们视为图片呢？答案是：通过一种我们当下正在获得的能力，即在最抽象的事物（粒子）中看到实在之体的能力。这明确要求我们停止区分真实与虚构的尝试，关注具体与抽象之间的差异。

**表意**：这些技术图像、这些通过考量和计算而来的马赛克究竟意味着什么？答案是：它们是给予世界、给予一种已瓦解的意识以形式的模型，旨在为世界赋予信息。因此，它们的意义向量与以前的图像相反：它们不是从外部接收含义，而是向外部传递含义，它们为荒谬赋予意义。

**互动**：作为模型的技术图像是如何运行的呢？答案是：它们通过自身与接收者之间的反馈来发挥作用。人们根据图像来塑造自己的行为模式，图像通过捕捉他们的行为而越来越高效地运转着。这种反馈是一种短路现象，它可能使我们陷入熵增与衰变，耗尽所有的历史。

**散播**：一个完全被图像束缚的社会是什么样子的？答案是：那是一个由信息发送者集中控制的法西斯式的社会。在那里，传统的社会结构瓦解，人类组成了一个无固定形状的、散漫的组织。图像会促成这种散漫化。

**指示：** 图像要如何分布才能对社会产生如此大的影响力呢？答案是：它们在自动装置中产生，经过通道自动传送到接收者那里。在这些装置中，人（功能执行者）执行某些功能，而非人类的自动机器则执行其他功能，功能执行者占据社会的很大一部分。这是一种装置的极权主义。

**讨论：** 我们是否可以重构图像的法西斯式的、极权性的线路？答案是：是的，远程通信技术使之成为可能。这是一种对话式的技术。如果图像以对话的形式传播，极权主义将让位给民主体制。

**游戏：** 我们如何通过对话制作图像呢？答案是：对话是产生新信息的信息交换行为，它是负熵的。远程通信是一种游戏策略，旨在引导对话生产新的信息（在所有图像之上）。

**创造：** 既然工作的成果不是个体自己的作品，而是属于某个不具名的小组，那么为什么人们都应该参加这种对话呢？答案是：人们会被游戏吸引，沉醉于创造性游戏的魅力中。

**准备：** 在将来，世界上存在潜在的创造者吗？答案是：是的，因为远程通信的对话不仅是一种生产信息的策略，更重要的是，它是一所为创造力、为自由而建的学校。

**决断：** 在这样的学校里，人们如何学会区分创造与模仿、信息与多余之物呢？答案是：远程通信为这种关键的区别与决断提供标准，以此来保护信息，它保持着两者的临界距离。

**统治：** 当每个人都是创造者与评判者，那么社会将是什么样的呢？答案是：这将是一个自动控制的网络。其中的具体元素将不再由结点（单独的个体）组成，而是由线（人际关系）组成。伴随着"我"散逸到"我们"之中，空间与时间将在全球范围内消解。这将是一个同时达成一致性决策的社会,一个全球性的大脑。

**收缩**: 这样的脑性社会如何应对身体性的人类个体呢? 答案是: 它可以使人的兴趣从包括人体在内的任何类型的实体转移到非物质的技术图像,也就是"纯信息"上。这种兴趣的转向中将生发一种前所未有的自由,即对实物和条件的蔑视。

**受苦**: 我们生存和死亡都依赖于身体,我们怎么能忽略它呢? 答案是: 经济和医学(对抗痛苦与推迟死亡的努力)可以实现自动化,因此它们也将从人们的视野中消失。如果痛苦不能减轻,死亡变成一种渴望,那么人们将在一般性对话中作出死亡的决定。这是一种出于共情的决定,因为当"我"弥散在"我们"之中时,痛苦就会变成共情。

**庆祝**: 一个如此远离物质(所有的工作、所有的痛苦、所有的主动与被动)而专注于纯粹信息的人是一种怎样的存在呢,这样的生命是名副其实的生命吗? 答案是: 实际上,这才是第一种当之无愧的"人类"的生命。与之相比,以前所有的生命形式都几乎是一种前人类。这种沉思于自制图像的生活是一种休闲的生活,一种与他人、为他人以及在绝对他者的存在中的庆祝式生活。

**室内乐**: 这样的庆祝式生活将是什么样的呢? 答案是: 它就像一场有意识的、由自我生产的梦,有意识地凝想的生活;一种在艺术中的人造生活,与图像和声音游戏的生活。这种神话般的生活意味着整篇文章要以神话结尾,但这种生活已不完全是一个神话——它在技术层面已经具备可行性。

**总结**: 我们可以概括这个神话吗? 答案是: 可以,但这种概括将使这个故事变得平庸,而且令人难以相信。在这个神话中,所有意涵丰富、有说服力的内容已经包含在对我前面所列举的十九个问题的讨论中,这些问题都是我们当下正面临的。

# 索　引

# 译后记

　　《技术图像的宇宙》是在新冠疫情席卷全球期间翻译完成的。几个月里，我们各自蜷缩在自己的一隅，也共同沉浸在技术图像的漫漫宇宙里。我们滑动屏幕以翻阅世界，按压按键以联通远方。我们看到惊世骇俗的社会事件飞速更替，脑机连接的过程被公开展示，AI 技术改写人类社会的秩序与价值。处在转折时代里，技术、伦理与生活方式的剧烈变革使我们惊恐而好奇、怅惘而兴奋、思虑深重而忙碌不休。这一切驱使我们翻阅这本出版于 20 世纪 80 年代的旧作。这不仅是因为它生动描述了今日之境，更是因为它包含供我们思考与展望的未来之路。

　　感谢唐海江教授在书籍选取与翻译过程中给予的建议、指教与关照。感谢"媒介与文明"研究小组的学者们给予的支持。同时，还要由衷感谢译作的编辑刘畅女士，没有她的付出，这本书是不可能问世的。在翻译过程中，我的研究生李小雪、达娃卓玛、章莹参与了部分章节的审校，在此一并感谢并祝福她们。最后，还要感谢我的导师吴辉教授、张国涛研究员、方文莎(Vanessa Frangville)教授，以及求学道路上诸位师长的教导、鼓励与垂范。

　　在翻译过程中，我虽已尽力推敲和斟酌，但仍难免不足。恳请诸位读者慷慨赐教，期待我们能在弗卢塞尔推崇的对话式生活中，一起追求信息的丰富与美好。

李一君

liyijun2016@hotmail.com

2020 年 11 月 2 日

**图书在版编目(CIP)数据**

技术图像的宇宙/(巴西)威廉·弗卢塞尔著;李一君译.—上海:复旦大学出版社,2021.4
(2022.12 重印)
(媒介与文明译丛/唐海江主编)
书名原文:Ins Universum der technischen Bilder
ISBN 978-7-309-15513-6

Ⅰ.①技…　Ⅱ.①威…②李…　Ⅲ.①图像处理-研究　Ⅳ.①TP391.413

中国版本图书馆 CIP 数据核字(2021)第 032292 号

上海市版权局著作权合同登记号　图字 09-2021-0306 号

**技术图像的宇宙**
(巴西)威廉·弗卢塞尔　著
李一君　译
责任编辑/刘　畅

复旦大学出版社有限公司出版发行
上海市国权路 579 号　邮编:200433
网址:fupnet@ fudanpress. com　http://www. fudanpress. com
门市零售:86-21-65102580　团体订购:86-21-65104505
出版部电话:86-21-65642845
上海四维数字图文有限公司

开本 787×960　1/16　印张 9　字数 134 千
2021 年 4 月第 1 版
2022 年 12 月第 1 版第 2 次印刷

ISBN 978-7-309-15513-6/T·692
定价:49.00 元